2011年度浙江省社科联省级社会科学学术著作
出版资金全额资助出版

教育部人文社会科学青年基金项目，2013年，课题编号：13YJC720043
浙江省哲学社会科学规划课题成果，2012年，课题编号：12JCZX03YB
杭州市哲学社会科学规划课题成果，2011年，课题编号：D11ZX05

当代浙江学术文库
DANGDAI ZHEJIANG XUESHU WENKU

认知系统性的研究：基于分布式认知的视角

于小涵 著

中国社会科学出版社

图书在版编目（CIP）数据

认知系统性的研究：基于分布式认知的视角/于小涵著 . —北京：
中国社会科学出版社，2013.8
ISBN 978 - 7 - 5161 - 2322 - 5

Ⅰ.①认…　Ⅱ.①于…　Ⅲ.①认知科学—研究　Ⅳ.①B842.1

中国版本图书馆 CIP 数据核字（2013）第 061317 号

出 版 人	赵剑英	
责任编辑	田　文	
特约编辑	李　华	
责任校对	韩天炜	
责任印制	王　超	

出　　版	中国社会科学出版社
社　　址	北京鼓楼西大街甲 158 号（邮编 100720）
网　　址	http：//www. csspw. cn
	中文域名：中国社科网　　010 - 64070619
发 行 部	010 - 84083685
门 市 部	010 - 84029450
经　　销	新华书店及其他书店

印　　刷	北京君升印刷有限公司
装　　订	廊坊市广阳区广增装订厂
版　　次	2013 年 8 月第 1 版
印　　次	2013 年 8 月第 1 次印刷

开　　本	710×1000　1/16
印　　张	8.75
插　　页	2
字　　数	151 千字
定　　价	28.00 元

《当代浙江学术文库》编委会

总　序

浙江省社会科学界联合会党组书记　陈　荣

　　有人说，谁能将中国新时期三十多年的发展奇迹阐释清楚，谁就能荣膺诺贝尔奖。改革开放以来，在中国特色社会主义理论的引领之下，浙江人民发扬与时俱进的"浙江精神"，在经济社会发展各方面创造了历史性的辉煌，走出了一条富有时代特征、中国特色、浙江特点的发展道路，使浙江成为中国市场经济、县域经济都十分发达的省份。当前在省委省政府的领导下，浙江社会各界高举中国特色社会主义伟大旗帜，以邓小平理论和"三个代表"重要思想为指导，深入贯彻落实科学发展观，全面实施"八八战略"和"创业富民、创新强省"总战略，继续解放思想，深化改革开放，加快全面建设惠及全省人民的小康社会，为建设"物质富裕、精神富有"的现代化浙江而奋斗。浙江改革开放和经济社会发展的生动实践，是一个理论研究和理论创新的"富矿"，也是浙江人文社会科学研究的宝贵财富。

　　经济社会的发展，与特定地区的精神文化传统相关，因此，对引领浙江市场经济大潮的"浙江精神"的研究、对浙江传统历史人文的研究，也构成了一个古典与现代相结合的富有深刻内容的研究领域。此外，浙江乃至中国的改革开放历程，也大大拓展了马克思主义的研究视野，因此对马列理论进行现代阐释也是一项重要工作。另外，人文社会科学的研究最终是为时代所用，指导社会经济和生活实践，并提高国民的文化素质。因此，将当代社会科学研究的成果转化成可操作的政策建议，以及人民群众喜闻乐见的表述，既是学术研究工作的延续，也是时代赋予我们人文社科研究人员的一项历史使命。

正是在这样的理论背景与现实需求下，浙江省社会科学界联合会作为省委省政府联系人文社会科学工作者的桥梁纽带，作为全省人文社会科学领域的组织协调机构，围绕理论研究、社科普及、成果转化、机制建设、队伍建设五大重点工作，有针对性地进行了组织、协调、管理、推动工作。繁荣和发展人文社会科学，打造当代浙江学术品牌，突出重点，进一步创新工作机制，努力创建科学发展的新格局，推进社科事业新发展。我们积极培育和提升了浙江文化研究工程、学术年会、重点基地建设、策论研讨、浙江人文大讲堂、科普周等工作品牌，组织和动员了各教学科研单位和学术团体以及广大社会科学工作者，为浙江的经济社会发展和文化大省建设服务，为繁荣发展浙江的人文社会科学事业服务，为建设"物质富裕、精神富有"的现代化浙江服务。在各方面的共同努力下，浙江的人文社会科学研究继承和发扬了自古以来的优秀学术传统，呈现出成果较多、质量较好、气氛活跃、前景喜人的特点。

人文社会科学研究成果要获得社会承认，为社会所用，将学术成果出版是首要环节。但是由于学术作品具有很强的外部性，往往存在出版难的问题。因此，资助我省学者的优秀学术著作出版，是浙江省社会科学界联合会的一项重要工作。自2000年以来，在省委省政府的支持下，我省设立了"浙江省省级社会科学学术著作出版资金"，截至2012年，已资助了521部学术著作出版，有效地缓解了学术著作出版难的问题。

为了集中展示当代浙江学者的学术研究成果，从2006年起，我们在获得资助的书稿中，由出版资助评审委员会遴选部分书稿，给予全额资助，以"当代浙江学术文丛"（《光明文库》）系列丛书的方式，分期分批出版。从2011年开始，我们将获得全额资助和部分资助的书稿，统一纳入《当代浙江学术文库》系列，并得到了中国社会科学出版社的全力支持。

　　《当代浙江学术文库》的出版，是浙江省社会科学界联合会集中推出学术精品，集中展示学术成果的重要探索，其学术质量，有赖于我省学人的创造性研究。事实上，当代浙江的人文社科学者，既深入研究、努力传承和弘扬学术思想的优秀传统，又立足浙江经济社会发展的生动实践，力创学术精品，力促学术创新和学术繁荣，自觉服务浙江的改革发展大局。我深信，《当代浙江学术文库》的出版，对于我们坚持学术标准，扶持学术精品，推进学术创新，打造当代浙江学术品牌，一定会产生积极的影响；对于我们研究、阐释改革开放三十多年来的发展奇迹，总结、探索科学发展的路径，深入贯彻落实科学发展观，着力推进建设"物质富裕、精神富有"的现代化浙江，一定会产生积极的作用。

2012 年 8 月

目　　录

摘　　要

　　传统认知主义不自觉地以为，发生在头脑中的认知过程对整个认知任务的认知实现是充分的，认知活动可以还原为可计算的物理符号间的作用关系，因此人脑就等同于一个内在的符号化的计算和处理系统。然而，在传统认知主义视角下的认知模拟与研究却遇到了重重困难。传统认知主义对认知的理解主要从心理学的角度出发，将认知视为个体大脑内部的活动，如学习、推理、记忆、感知等，与外部环境无涉。而人工智能对人脑模仿的失败引发的新启示是，认知任务的实现并不能囿于个体颅内边界之内，必须依赖更广泛的系统条件，这使得系统性成为认知研究的一个基本维度。

　　当前认知科学研究的哲学反思的主要进路有情境认知、具身认知、延伸心灵假说和分布式认知，这些理论都在不同程度上体现了认知的系统性。

　　情境认知通过可供性、合法的外围参与等内容表明了认知如何受到情境的影响，走出了内在主义的约束，而把情境作为认知的背景和基本条件，但是尚未进一步的看到情境对认知的耦合的、不可分割的意义及其作用方式。具身认知同样在消解内在主义的影响，将认知过程和认知能力从单一的大脑内部活动走到了整个身体的认知，关注身体运动与神经组织的关联，进而形成对认知活动整体性的认识，将身体作为完成认知任务的必不可少的组成部分。延伸心灵的假说试图消除颅骨的界限，将心智（而不是大脑或者认知活动）放到一个更广阔的空间中，心智工具（Mind-tools）不是简单的用于认知的东西，而是通过心智的积极利用与大脑和身体发生交互作用，因而自身也成为心智的一部分。

　　再进一步的是，哈钦斯通过认知人类学的荒野考察提出，认知活动总是发生并分布于特定的文化和历史背景中，他人、技术人工物、外部表征和环境共同构成了认知实现不可或缺的部分，因此认知最好被理解为一种分布式现象。分布式认知理论强调，认知是发生于人、人工物以及通过表征状态和媒介等内外表征之间的交互作用，特别是在延伸的认知系统中的过程。这个观点克服了用心智作为研究对象的起点的问题，而以认知过程和认知系统为分析对象，将认知视为由头脑内外的事物在文化实践中共同耦合而完成的过程，是上述各条认知进路的综合，也是一种用以重新思考认知科学各个领域的新范式。

传统的认知主义是把社会认知还原到个体认知上去，而社会建构论的主张则是把个体认知还原到社会认知中去。其实，这二者是不可穷尽还原的，而是都有存在的余地，彻底的还原主义是行不通的。这并不是说建构论或者认知主义出现了什么错误，它们各自都是某种层面上的一定成熟的结论。但是与此同时，认知结构和社会结构长久以来彼此不可还原的矛盾如何消解，二者如何在某些地方向对方敞开，就有一个互动和构成的渗透问题。在认知被作为系统事件看待的新视角下，分布式认知理论可以用来作为这二者之间的桥梁，打破原来封闭的认知结构，并在实际上还将一直延伸到社会结构和文化结构中。

关键词：具身认知　延伸心灵　分布式认知　认知系统

第 一 章
引 言

我们的日常生活中随时都伴随着各种各样的认知活动，例如学习某种驾驶技能、理解一个复杂的微分方程式或者回忆一首经典的诗词。这种信息处理和知识应用就是认知活动。在人工智能中，认知用来指心智功能和心智过程以及智能体的状态；在心理学或者哲学中，认知是指心智、推理、知觉、智能等抽象的活动。

作为一门融合了人工智能、神经科学、语言学、人类学、心理学、哲学的典型的交叉学科，认知科学是研究人类感知和思维信息处理过程的科学，包括从感觉的输入到复杂问题的求解，从人类个体到人类社会的智能活动，以及人类智能和机器智能的性质。认知科学的研究范围包括知觉、注意、记忆、动作、语言、推理和思考乃至意识在内的各个层次与方面的人类认知和智力活动。[①] 但是，三十多年以来，认知科学中人工智能的发展却陷入困境，其试图用电脑模拟人脑的尝试在符号主义和联结主义的范式下遭遇了重重困难，巨量的、不完全的和不确定的信息以及对信息的提取和处理方式，使得用计算机来模拟人类智能的实现遥遥无期。

这其中的根本阻碍之一是，除了技术层面的局限，还有技术本身的有限性问题。也就是说，仅仅通过技术的进步与突破，并不能必然达到对认知的理解和认知模拟的实现，更首要的一个问题是，在认知的基本属性尚没有得到一个普遍的哲学解释之前，用技术来模拟智能与认知是否具备足够的合法性。传统认知主义不自觉地以为，发生在头脑中的认知过程对整个认知任务的认知实现是充分的，认知是完全在个体内部完成的，这种活动可以还原到物理符号上，因此，人脑就等同于一个内在的符号化的计算和处理系统，这样的话，理论上计算机对心智的模拟将是可以想见。然

---

① 姜虹：《认知科学的兴起及其发展路径》，《学术交流》2009 年第 9 期。

而，现有的困境使我们不得不退后一步来思考，或许传统认知主义对认知和心智的内在解释和符号表征本身就是行不通的？是否需要一个新的范式来理解认知？心智是在何种条件下展开认知活动的？认知是如传统心理学所言而完全内在的吗？如果是，那么心智是如何与外部世界联系起来的？如果不是，又该如何打破传统认知主义的束缚？

本书认为，传统认知主义将认知作为个体内部活动的假设是造成上述困境的原因之一。认知任务的实现将不能再囿于个体的边界之内，而必须依赖更广泛的系统条件，这使得系统性成为认知研究的一个基本维度。这种系统观的考察视角，不仅有助于更深刻地理解认知的本性，从而使认知科学对心智的认识和模拟具有更大的可能性，还对长期以来认知结构与社会结构的分离局面进行了一定程度的彼此还原和融合。

从国际上看，关于认知系统的研究主要包括情境认知、具身认知、延伸心灵和分布式认知四条进路，其关系是部分重合且递进的，有大量的经典书籍、文献和评论等研究成果。而我国的相关研究则刚刚开始。首先，从认知科学的综述性研究看，有代表性的研究包括周昊天（2005）、李其维（2008）、李恒威（2006）等对认知科学及第二代认知科学的系统介绍。认知系统性研究的几条主要进路在我国也有一些起步。关于情境认知的研究，已经是一个较为成熟的问题，特别在教育学领域比较普遍，也多是以实践应用为主，具有代表性的哲学反思有盛晓明（2007）等。关于具身认知的研究也引起了一定反响，如李淑英（2009）、李恒威（2006）对具身认知的综合分析。

然而，在国际上引发重要震动和争议的延伸心灵的假说却仍然没有进入我国心智哲学研究的视野，现有的研究寥寥无几，大约只有刘晓力（2010）的代表研究对其进行了反驳。本书重点讨论的分布式认知研究，出于其对认知的独特解读，也在国际上形成了一个认知科学的新的生长点，但在我国的研究极为有限，仅在心理学领域有过若干综述式研究，如周国梅（2002）、刘晓力（2009）对交互式认知建构的分析。

我国研究的沉寂和国外研究的热烈形成了明显的差异，这是本书致力于弥补的不可或缺的空白。本书对情境认知和具身认知的研究着墨较少，而更为关注延伸心灵和分布式认知。其中，出于延伸心灵不可克服的先天缺陷，以及分布式认知对认知系统性的有力支持，本书对分布式认知进行重点论证和分析。

本书结构分为六章：

第一章，引言。

第二章，从内在主义入手，分析从作为传统认知主义哲学根源的内在主义到外在主义的转向。内在主义将思考、学习、理解、回忆等认知过程视为发生在个体头脑内部的活动，认为心灵是一个纯思的实体，具有足够的认识世界和思考世界的能力，心理活动可以控制身体，无需以身体或外部环境及其变化为参照。由此，认知主义所设定的边界就把认知活动完全囿于个体头脑的内部。而在 20 世纪 60 年代，知识论的外在主义开始了跨头颅的认知现象的哲学分析，通过普特南和伯奇的"孪生地球"和"关节炎"等经典的思想实验，开始了分析认知活动的基本转折，意义不在头脑之中，一般命题态度的意向内容并不能通过物理的、现象的、因果功能的、计算的等方面得到解释，从而走出了传统认知主义并奠定了思维和认知外在特征和系统属性的哲学基础。

第三章，讨论了当前作为认知系统性进路的几种尝试性解决方案：情境认知、具身认知和延伸心灵假说。

情境认知主张要关注情境在和认知者的经验建立有意义的连接以及提升知识、技能和经验之间的联系时的重要性，强调学习与学习环境的特定相关性，以及有意识或者无意识的学习和适应新的社会群体的行为和信念体系。这是针对认知心理学的信息处理模型将人类的复杂思维还原为简单的符号表征和加工而言的。

具身认知的观点是，认知依赖于经验，而经验来自具有各种感觉运动能力的身体，而且，这些感觉运动的能力本身植根于一个更大的情境中，包含了生理、心理和文化等各个方面。认知出自于具有特殊的知觉和运动能力的身体，这些能力不可分离地相连在一起，共同形成一个包括了交织着记忆、情绪、语言和生命其他方面的机体。因此，认知源于与世界的身体相互作用。

延伸心灵基于环境在驱动认知过程中所扮演的有效角色，提倡一种积极的外在主义。世界功能的一部分发生在头脑中，成为认知过程的一部分。当这部分因素在驱动认知过程中扮演了正确的角色的时候，信念就也可能在一定程度上是由外部因素构成的。如果是这样的话，心智就延伸到了世界。这个观点由于格外激进，在当前分析哲学领域引发了热烈的争论。本书对此也做出了批评。这一假说没有澄清认知与心灵的区别，同时，以心灵为本体的延伸恰恰表明了以心灵为中心的出发点，因而并不能真正体现认知系统的内涵。

第四章，从认知人类学的视野展开，介绍了分布式认知得以正式提出的荒野考察背景，通过分析自然情境中的认知活动来揭开认知的真实发生过程。这部分将系统性作为认知活动的本质属性和出发点，认知分析单元的边界被移到个体之外，导航团队被作为一个认知和计算系统。这一章还回顾了分布式认知的历史来源，即文化历史进路和联结主义。文化历史进路强调社会文化因素在人的心理发展中的基础作用。联结主义把认知方式类比于大脑神经系统的结构，将认知活动视为类似大脑工作的网络般的整体活动，其平行分布式模型将认知视为一个动态而流变的有机系统。

第五章，通过表征、工具认知、交互作用、动力系统、认知文化等问题来具体刻画分布式认知系统所牵涉的要素及特征。

导航这种复杂的人类认知活动，利用人工表征物来探寻认知结构和社会结构，"人类通过创造得以实践认知能力的环境来创造认知能力。"表征状态通过表征媒介的传播形成了计算的导航过程。该部分还介绍了以实验方式展开的对表征的量化研究。

分布式认知尤为强调技术人工物的作用，将工具作为行为的中介，通过应用工具改变了使用者对世界的观点，并且让使用者接受了隐含在工具之中的文化系统。人们能动的使用工具而不是仅仅获得工具，并建立一个对世界及在其中所使用的工具的理解。

交互作用是一种参与者在一个共享环境中交互的、共同存在的方式，它强调的是在开展认知活动中个体与包含他人和工具的情境彼此间的双向影响，各个认知代理（agent）之间的联系不仅表明各个要素在结构或形式上的关联与交流，还指在强关联的基础上形成了耦合作用，即每个代理在影响其他代理的同时也受到了直接的影响，从而进一步削弱了代理之间的边界来构造认知系统。从动力学的视角看，认知是一系列耦合的连续变异的变量持续相互作用的涌现的结果，而不是相继离散的变化。

本章最后回到人类学的核心对象：文化。文化内置于分布式认知的视角，作为认知的情境，也是一个发生在心智内部和外部的人类认知过程。文化与认知并不是分离的，文化刻画了系统的认知过程并允许分析单元的边界超越了个体的界限，从而使个体成为了复杂文化环境的一个要素。

第六章，通过分布式认知系统来整合长期分离的认知结构与社会结构。认知结构是个体对外界事物进行感知、概括的一般方式或经验所组成的观念结构，其实质是心理活动机制的驱动。而社会结构是指将社会作为一个整体的模式化的社会安排，并同时决定了个体在参与到这个结构的社会化过程中的行动。本章认为，认知结构和社会结构的分离在分布式认知这里得到了修补，并分析了整合的方式。

第 二 章
从传统认知主义到外在主义

第一节　传统认知主义

众所周知，长久以来，心灵哲学受到笛卡尔第一哲学的影响，将心灵与身体视为两个分离的部分。心灵是一个纯思的实体，具有足够的认识世界和思考世界的能力，这种心理活动可以控制身体，而不需要以身体、外部环境以及相关的变化作为参照。这种理性的反思与怀疑独立于肉体和感官，并比一般的感官感受更重要。因此笛卡尔称之为"第一哲学的沉思"，通过对自己的思考活动的唯一性和确定性来判断自己的存在。这样，除了物质世界之外，就还有一个精神世界，这两个世界是相互独立而不可还原的。

在经典身心二元论的框架下，20世纪后期，在心理学领域，传统认知主义取代行为主义成为心理学的主要推动力量。行为主义是美国现代心理学领域的主要流派，它将行为和意识区分开来，以人的行为而不是意识作为研究对象，并采用了一系列的实验方法，研究可观察的刺激和反应并作出预测，试图将心理学作为一门自然科学。华生、斯金纳等人认为，行为是人的各种身体反应，用以应对环境变化和外部刺激。行为主义将人内部的机制与过程刻意地回避了。

而传统认知主义则开始关心大脑的功能与作用方式，将认知过程作为研究对象。传统认知主义简称认知主义（Cognitivism），专注于个体身体与大脑的生物边界之内的信息加工过程的研究，例如记忆、推理、想象等。在认知主义看来，认知活动由分离的各种内部精神状态所组成，可以通过规则或者算法的术语来描述，发生在头脑中的认知过程对整个认知任务的认知实现（Realization of Cognition）是充分的，对认知的研究应该以头脑内部发生的活动作为对象。从方法论上看，认知主义也采用了实证主义的方法和信念，即心理学原则上可以通过实验、测量等科学方法来对认知活动做出完全的解释。

这种将认知活动置于大脑边界的立场也体现了当时心理学的个体主义取向。戴维特（Devitt，1990）提出，个体主义的主要观点有：（1）心理学解释了为什么在感觉器官受到刺激的情况下，一个人会产生特定的行为。（2）仅仅当有些事完全发生在人们皮肤内时——他固有的内在的物理状态，特别是他的大脑，可以在周围的输入和输出间扮演所需要的解释的角色。（3）环境导致了对他的刺激并影响了他的行为。（4）认知过程和认知手段必须被变成个体化的，根据它们在个体身上扮演的角色，而不用考虑它们与环境的关系。①

这样，认知主义和个体主义所设定的边界就把认知活动完全囿于个体头脑的内部，并由此奠定了人工智能领域最早的范式符号主义的基础。

符号主义（Symbolism）又称逻辑主义和物理符号系统假设，是一种基于逻辑推理的智能模拟方法，是人工智能领域的最早范式和逻辑基础。符号主义认为，人类认知和思考的基本单元就是符号，知识是用符号表征出来的，认知是一种针对符号的运算。通过物理符号操作系统的假设，无论是人脑还是计算机，对信息的智能处理都具有相同的处理机制，大脑的理性类似于操作无意义的形式符号的符号逻辑，人脑的智能活动等同于计算机，这样可以用计算机模拟并扩展人脑智能，进行推理、学习、理解、问题解决等认知活动就有了可能。早期人工智能的工作就是通过研究人类认知系统的原理并用符号来描述，再用计算机依照数学逻辑来处理这种符号而模拟人类的认知活动。因此信息加工心理学的观点是，心智是一个信息处理装置，信息处理被视为如同计算机程序中的无意义的形式符号的操作②，认知是一个发生在目标导向的框架内的一种刺激—反应之间的精神操作。人脑或者计算机接收到环境中的指示，并将其编码进感知存储系统，并和记忆中存储的符号表征相投射。一旦指示被识别，将进入下一个决策和反应处理的阶段。从这种符号主义的逻辑出发，计算机就可以模拟

---

① Devitt, M., "A Narrow Representational Theory of the Mind", *Mind and Cognition*, Lycan, W. ed. Oxford: Basil Blackwell, 1990, p. 377.

② 李恒威、肖家燕：《认知的具身观》，《自然辩证法通讯》2006 年第 1 期。

人的认知过程。

　　作为人工智能领域重要的领军人物，西蒙和钮厄尔对人工智能有乐观的信念，1957 年，他们设计出一个"逻辑理论家（Logic Theorist）"的程序，对罗素、怀特海的数学名著《数学原理》一书中的 38 个定理进行了成功的证明。在此基础上，他们试图通过计算机来研究人的思维过程和模拟人的智能活动。他们乐观地宣称："作为一般的智能行为，物理符号系统具有的计算手段既是必要的也是充分的"。"所有人类认知和智能活动经编码成为符号，都可以通过计算机进行模拟。"1958 年，他们还提出，10 年之内，计算机将成为世界象棋冠军，将发现并证明新的数学定理，并谱写出能被作曲家所认可的乐曲。事实上，众所周知的是，计算机一直到 1997 年才战胜了国际象棋大师，而其他对模仿人类认知能力的预言仍远远没有实现。这其中的原因非常复杂，例如，获取信息就是一个从智能体与信息发生交互作用的过程，并没有确定的运算规则。而且，通过某种规则来表达知识也具有不完全性。此外，人类世界中用以处理认知活动的最为普遍的常识知识如何借助计算机来得到应用也是一大问题。这样，符号逻辑推理到 20 世纪 80 年代陷入了困境。而从哲学源头来看，这与对知识的符号表征和对认知的内在主义假设不无关系。

第二节　外在主义

　　内在主义的观点初看上去是符合常识的，所有的思考活动都在个人的大脑中进行，大脑是一切意识的基础，是一切意识包括推理、知觉、想象、论证等成为可能的场所。正如所谓个人为自己所规定的一系列的沉思。同时，许多精神状态都具有内容，使思维成其为思维的就是它的内容，即有内容的状态是由它们的内容赋予的。例如一个真实或者错误的信念、完成或者没有完成的意图等状态。雪花是白色的看法不同于青草是绿色的看法，因为这是通过雪花以白色呈现出来和青草以绿色呈现出来决定的。通常，这些看法是由"认为、相信、渴望、意图、说出"等心理的和语言的动词所指的对象所构成的。

　　因此，即使传统的观点认为媒介是内在于思考者的，思维的内容也由外在于思考者的现象所决定。这种关于思维内容由环境特征决定的观点被称为内容外在主义，即一个人的精神状态的一部分内容是依赖于他们与外部世界的关系或者周边环境的。在 20 世纪 60 年代，知识论的外在主义开始了跨头颅的认知现象的哲学分析，普特南（H. Putnam）的内容外在论认为：意义不在头脑之中。[①] 伯奇（T. Burge）也从社会角度出发，提出反个体主义（anti - individualism），论证了内在主义的不充分性。[②]

普特南通过一个称为"孪生地球"的思想实验来做出论证。假设在宇宙中还有一个星球和地球是一样的，它们的区别只在于水的组成成分不同，在地球上是 H_2O，在孪生地球上的成分是更为复杂的 XYZ，但同时这种水的观察属性如无色、无味、透明、冰点为零摄氏度等等，和地球上的水并无不同，也就是说，在一般人看来，这两种水的含义是相同的。（类似自然科学的实验，为了对某个因变量做出分析，我们必须先假定其他变量不变以避免干扰。因此，这里的孪生地球、孪生兄弟都是作为固定变量而设定的）

如果一艘地球的飞船访问了孪生地球，假设"水"这个单词在地球和孪生地球也有相同的用法，当他们发现在孪生地球上的水并不表示 H_2O 时，飞船可能会这样报告：在孪生地球上的水指的是 XYZ。反过来，如果还有一艘飞船从孪生地球飞往地球，他们可能也会说，在地球上的水指的是 H_2O。水这个词汇本身在这里并没有延伸之意，而是有两个完全不同的意思，当地球人在孪生地球上说到水时，并不指代孪生地球上的水，而是所有组分为 H_2O 的水。

让时间再倒回到 1750 年，在地球上有一个人 $Oscar_1$，在孪生地球上有另一个人，称为 $Oscar_2$。他们由于是孪生的，所以具有非常接近或相似的神经系统和心理状态。尽管如此，水对他们仍然具有不同的意义。当 $Oscar_1$ 说"我要喝水"，$Oscar_2$ 也说"我要喝水"的时候，这一对兄弟的心理状态是相同的，他们的语言所表示的意思也是一样的，就是口渴并且需要喝水，这里的水指的都是各自星球上的水。因此，我们清楚地知道，此水非彼水。当 $Oscar_1$ 说要喝水时，他指代的是 H_2O；当 $Oscar_2$ 用同样的心理状态做同样的表达时，他指代的是 XYZ。可见，内部的心理状态并不能完全的确定所指涉的对象。也就是说，与口渴这个内部状态相联系的

---

① 普特南：《"意义"的意义》，载陈波、韩林合《逻辑与语言》，东方出版社 2005 年版。

② Tyler Burge, "Social Anti - Individualism, Objective Reference", *Philosophy and Phenomenological Research*, 2003, pp. 682 - 690.

内容并不完全由内部状态决定,它与外部世界也有着部分的关系。这个思想实验的结论可以简单地表述为:意义不在头脑之中。如果与外部世界分离,心理状态是不能被断定的。这样,认识论就从内在主义走到了某种程度的外在主义。一个思想者持有什么信念或思想,依赖于他与他的周遭世界中的事物或事态的关系,当然也依赖于他头脑中发生的事情。外在主义认为,人类的心灵状态与心灵之外的世界中的事实之间存在着深刻的联系,割裂了这种联系,是无法取得对心灵性质的理解的。①

进一步的,这个关于认知论的外在主义的进路被伯奇(Tyler Burge)拓展了。普特南的工作并不是一个全称命题,他所谓的个人心智与外部世界的联系是部分的,也就是说,如果一个人的心理状态是全然关于自身的,比如"我很饿",那么这里看上去并没有指涉外部世界及事件,还保留着内在主义的一块传统营地。然而,伯奇对此进行了最后的攻击。

伯奇用一个关于"关节炎"的思想实验来作为例证②,假设 Bert 有关节炎的毛病,他知道这一点,并且正在发生类似的可以被描述为关节炎的症状。他认为他的姨妈玛丽的关节炎比他的更严重,而且关节炎使许多人都腿脚不便。在某个特定的时刻 t,他错误地认为他的腿骨上也得了和指节及膝盖处一样的关节炎。随后他被告知一个事实,关节炎是关于节点处的炎症,并不能发生在大腿上。

接下来想象一个反事实的情景,Bert 在时间 t 时,得了关节炎。在一个类似的孪生地球上,人们认为关节炎也可以应用于某些风湿病,这既包括关节炎,也包括某些肌肉和肌腱的疼痛。医生和病人都采取了这样的看法。这样,当 Bert 说他大腿上得了关节炎的时候,没有人认为他说的是错的。现在我们看到的是,Bert 在相似的星球上,处于相同的物理环境和身体的神经状态,但是他对大腿上有关节炎的陈述被认为是符合事实的。

这个思想实验总结了通过反事实情境的观察,Bert 缺乏对"关节炎"的可以真实描述的态度。当他讲出"关节炎看上去发生在我的大腿骨"这样的表述时,他表达了一个可能真实的信念。这个思想实验表明,一般命题态度的意向内容并不能通过物理的、现象的、因果功能的、计算的等

---

① 程炼:《第一人称哲学的局限》,载《论证》第一辑,辽海出版社 1999 年版。

② Tyler Burge, "Two thought experiment Reviewed", *Notre Dame Journal of Formal Logic*, 1982, 23 (7), pp. 284 – 293.

方面得到解释，也不能依照句法状态或过程，这些句法状态或过程是非意向性的，并且纯粹的由个体所界定的并与其物理和社会环境隔绝的方面得到解释。在这个意义上，意向内容并不能与非意向过程和个体状态伴随产生，到目前为止，这个过程和状态都是被以"个人主义的"所描述的。因此，这种个人主义的功能主义者，计算主义者或者物理主义者对普通意向内容的解释都走向了失败。这再次引发了对思维和认知的外在属性的思考。

第三节　新的转向

从内在主义到外在主义的哲学传统在认知科学的转向上起到了奠基性的作用，甚至可以说，此后的各条研究进路都是以对认知主义的批判而展开的。概括起来，主要有如下观点或进路：情境认知、具身认知、延伸心灵和分布式认知，简称为 SEED （Situated cognition、Embodied cognition、Extended mind、Distributed cognition）进路。

情境认知（Situated Cognition）理论出现于 20 世纪 70 年代后期，它认为，符号主义的缺陷在于忽视了认知的情境和文化的背景，认知是一种动态的互动的建构过程，个体与环境的相互作用才产生了知识，认知不能独立于情境、意义和历史。

具身认知理论出现于 20 世纪 90 年代，其代表人物莱考夫（G. Lakoff）和瓦雷拉（F. Varela）认为，认知的具身观构成了第二代认知科学的基础，理性的根源来自人类的大脑、身体和身体经验的本性。要理解理性，必须了解人类的视觉系统、运动系统和神经连接机制的细节。具身认知强调的是我们的心智、理性能力都是具身的，它们有赖于我们身体的具体的生理神经结构和活动图式；从广义上看，它指的是认知过程、认知发展和高水平的认知深深地根植于人的身体结构以及最初的身体和世界的相互作用中。

克拉克（A. Clark）和查尔默斯（D. Chalmers）等人在 20 世纪 90 年代提出了延伸心灵（extended mind）和延伸认知的思想。① 延伸心灵观念所主张的是一种哲学上的积极外在主义（active externalism），心智所利用

---

① Clark, A., & Chalmers, D., "The Extended Mind", *Analysis*, 1998, 58, pp. 7 – 19.

的外在环境中的某些对象可以视为心智本身的延伸，这些对象甚至是心智内在的构成要素（intrinsic constituents of mind）；那种将心智仅仅限定在颅骨内的观点是武断的；心、身和环境之间的区分是非原则性的。

20 世纪 80 年代以来，在认知科学中，哈钦斯（E. Hutchins）[1] 等人提出了分布式认知（distributed cognition）思想：认知活动总是发生并分布于特定的文化和历史背景中，他人、技术人工物（artefacts）、外部表征和环境共同构成了认知实现不可或缺的部分。认知被作为一种过程来进行理解，同时，它不能孤立地存在，而是和各个要素耦合成分布式的认知系统。这是一种较为激进的重新思考认知的新范式。[2]

不难看出，上述观念和进路的一个共同点在于认知实现的系统性，即认知实现不是单个主体头脑内的认知过程所能完全涵盖的，确切地说，它是由一个包含该主体在内的系统完成的。下文旨在从系统性的角度来具体解读当代关于认知系统研究的若干主要进路，并着重分析在当代认知科学中应占主导性地位却在一定程度上被忽视了的分布式认知系统理论，及其所引发的哲学争论。

---

[1]　Hutchins, E. , *Cognition in the Wild*, The MIT Press, 1995.

[2]　Rogers, Y. , "A Brief Introduction to Distributed Cognition", http：//parvac. washington. edu/courses/inde599/dcog‐brief‐intro. pdf.

第三章
认知系统的前期研究

第一节　情境认知

情境认知是对立于认知主义的观念发展起来的。[①] 情境认知主张要关注情境在和认知者的经验建立有意义的连接以及提升知识、技能和经验之间的联系时的重要性[②]，强调的是学习与学习环境的特定相关性，以及有意识或者无意识的学习和适应新的社会群体的行为和信念体系。这是针对认知心理学的信息处理模型将人类的复杂思维还原为简单的符号表征和加工而言的。

在 20 世纪 70 年代后期开始，以往那种传统的信息处理方法逐渐被认知生态学的观点所取代，即将学习置于自然情境的背景中，并将环境对人类思维的深刻影响作为理解学习的基础。这样，知识的意义与其解释方式就不能孤立起来。例如，"我、这里、现在、下一个、明天"这些指示性的词汇不仅仅是情境敏感的（Context – sensitive），而且是情境依赖的（Context – dependent），这些词汇只能通过它们所使用的情境来解释。

这里所说的情境是"问题的物质和概念的结构，以及活动的目的，和嵌入其中的周围社会"（Rogoff，1984）。[③] 因此，情境包括了基本环境和物质设备，还有同时发生的背景事件。人们与环境的适应不是静

---

① 盛晓明、李恒威：《情境认知》，《科学学研究》2007 年第 10 期。

② Choi, Jeong – Im, Hannafin, Michael, "Situated Cognition and Learning Environments: Roles, Structures, and Implications for Design", *Educational Technology Research and Development*, 1995, 43（2），pp. 53 – 69.

③ Rogoff, B., "Introduction: Thinking and learning in social context", In B. Rogoff & J. Lave (Eds.), *Everyday Cognition: Its development in social context.* Cambridge, MA: Harvard University Press, 1984, pp. 1 – 8.

止的匹配关系，而是彼此关联并且相互调整的，是一种辩证的或者交易式（transactional）的过程，是一个共同建构的整体。因此贝特森（Bateson，1972）将这种适应过程看作是一系列交互作用累积的循环。①

为什么行动和情境是构成认知和学习所必需的？因为知识就像语言一样，它的构成中有指示性的部分，因此是一个生成于环境和活动中的产物。例如，一个概念将会在每个新使用的情境中演化，因为新的情境、商谈、活动将会不可避免地将其重铸为一个更新的形式。知识与对象有着具体的经验关系，而脱离了这种关系则会变得毫无意义。这同样会发生在那些抽象的、已有界定的技术概念上，至少其部分意义来自所使用的情境。如果忽视了认知的情境化的本质属性，认知将无法达成提供有用的知识的自身目标。再如，工具也只能通过应用才能得到完全的理解，而且工具的应用既改变了使用者对于世界的观点，还接受了在其中的文化系统。人们能动的使用工具而不是仅仅获得工具，并建立了一个对世界及在其中所使用的工具的持续变化的理解。

情境认知的几个核心要素有可供性（affordance）、有效性（Effectifities）、合法的外围参与等。情境在认知中的作用被吉布森（Gibson，1977）称为可供性②，即物理客体是如何提供功能的。在吉布森看来，可供性是一种关系，是自然的一部分，而并不需要是可视的、可知的。这种可供性是由个体直接知觉到的，而不是通过心智表征来进行中介的。知觉不是用于将环境特征编码到接受者的心智中，而应是个体与其环境交互作用的一个要素。在任何一个代理及其环境的作用中，内在的条件或者环境特征都允许代理来向环境执行某种行动（Greeno，1994）。③ 这也是吉布森关于生态心理学的核心观点。格鲁诺还建议可供性是某个"行动的次级条件"，即使可供性并没有确定行为，它们也增加了某个特定行为或者行动发生的可能性。

---

① Bateson, G., *Steps to an ecology of mind*, *Ballantine Books*, NY, 1972, p. 115.

② Gibson, J. J., "The theory of affordances", In R. E. Shaw & J. Bransford (Eds.), *Perceiving, Acting, and Knowing*, Hillsdale, NJ: *Lawrence Erlbaum Associates*, 1977.

③ Greeno, J. G. "Gibson's affordances", *Psychological Review*, 1994, 101 (2), pp. 336 – 342.

有效性是指代理用以决定能做什么的能力，以及后来将发生的交互作用（Shaw，Turvey & Mace，1982）。① 知觉和行动是共同的由在某个时刻同时起作用的可供性和有效性所决定的。代理直接的知觉并作用于环境，在有效性的基础上决定提供什么样的可供性，而并不是仅仅回顾存贮的符号表征。这个观点和"知觉可供性"是一致的，"知觉—行动而非记忆与恢复，一个知觉和行动的代理始于发展的环境耦合起来的，问题是这二者是如何耦合的"②。情境认知和生态心理学的视角强调知觉。在情境理论中，表征指环境的外部形式，通过社会交互作用被创造出来表达意义，如语言、艺术、手势等，并且被知觉和以第一人称的意义上起作用。在第一人称的意义上看来，表征是指一个在想象中再次体验的行动，包括了辩证的持续的知觉和行动，与神经结构和处理的活动协调起来。表征并不是贮存起来的并且和过去的知识做比较，而是在活动中被创造出来并且被解释的（Clancey，1990）。③

在莱夫和温格（Lave and Wenger，1991）的经典研究中，她们通过观察实践共同体的学徒现象来分析个体的多重而多变的层级以及参与方式，用合法的外围参与（Legitimate peripheral participation）来描述新手是如何成为一个学习者共同体的一部分的。④ 合法的外围参与是情境认知的中心，所有的参与者通过持续的参与都有途径来获取和使用对其共同体可用的资源，活动在一个共同体的情境中展开。莱夫通过对五个学习共同体的分析认为，新手成功的关键是能获取共同体成员所必需的东西；参与有成效的活动，学习共同体的话语，包括谈论和在一个实践中谈论，以及共同体有意愿为无经验的新手投资。⑤ 也就是说，如果忽视了认知的情境化的本质属性，教育将无法达成提供有用的知识的自身目标。认知学徒式

---

① Shaw，R.，Turvey，M. T.，& Mace，W.，"Ecological psychology: The consequences of a commitment to realism"，In W. Weimer & D. Palermo（Eds.），*Cognition and the Symbolic ProcessesH. Hillsdale*，NJ: Erlbaum，1982.

② Michael F. Y.，Jonna M. K. & Sasha A. B.，"The unit of analysis for situated assessment analysis for situated assessment"，*Instructional Science*，1997，125（3），pp. 133 – 150.

③ Clancey，W. J.，Soloway，E.，"Artificial Intelligence and learning environments"，*Artificial Intelligence*，*Amsterdam*，1990，42（1），pp. 1 – 6.

④ Lave，J.，& Wenger，E.，*Situated Learning: Legitimate Peripheral Participation*，Cambridge University Press，Cambridge，UK. 1991，p. 29.

⑤ Ibid.，p. 109.

的进路将学习嵌入活动中，而且社会的和物理的情境的应用将更有助于理解学习和认知。

情境认知打开了第二代认知科学的先河，即通过对二元论的消解而从仅仅关注所谓个体内部的认知转移到了更大的视阈中，将情境作为认知的前提条件和搭档而不仅是认知的静止对象，揭示了认知在一个边界减弱的动态的交互作用中才能进行的实质。这样，情境认知就成为进一步理解认知的基础并为具身认知、延伸心灵和分布式认知的提出铺垫好了开局。

第二节　具身认知

当认知逐渐在情境认知的主导下脱离了大脑的边界而横向的与环境密切的勾连起来时，在纵向的维度上，走出了物理边界限制的认知和身体也紧紧地联系在一起，这就是近年来受到很大关注的认知科学研究进路的第二个视角：认知是具身（embodied）的。从 20 世纪 80 年代开始，具身的概念就受到了多个学科的重视。比如认知发展、语言学、机器人学、神经科学和动力学、哲学等。莱考夫和约翰逊甚至认为，认知的具身观构成了第二代认知科学的基础[①]，因此，又被称为具身认知科学（embodied cognitive science）。

和情境认知一样，具身认知的当代观念同样反对盛行的视心智为一个操作符号装置的只专注于形式规则和过程的认知主义立场。[②] 在他们看来，第一代认知科学秉承了传统认知主义的观点，即将心智视为一个按照相关规则来处理无意义符号的装置，如同一个抽象的、意义无涉的信息处理器，对心智的研究是根据心智的认知功能来开展的，而不用涉及这些认知功能的具体实现方式与细节。这样，心智就像一种电脑程序一样，只有计算和表征的用场，而与其本身的特性与结构并不相干，因此与身体也没有什么关联。

而具身认知的代表人物之一瓦雷拉则认为，认知依赖于经验，而经验

---

① 李恒威、肖家燕：《认知的具身观》，《自然辩证法通讯》2006 年第 1 期。

② Thelen，E.，"The Dynamics of Embodiment：A Field Theory of Infant Perservative Reaching"，*Behavioral and Brain Sciences*，2001，24，pp. 1 – 86.

来自具有各种感觉运动（sensorimotor）能力的身体，而且，这些感觉运动的能力本身植根于一个更大的情境中，包含了生理、心理和文化等各个方面。① 西伦（E. Thelen）的研究表明，认知出自于具有特殊的知觉和运动（motor）能力的身体，这些能力不可分离地相连在一起，共同形成一个包括了交织着记忆、情绪、语言和生命在内的其他方面的机体（matrix）。因此，认知源于与世界的身体相互作用。在莱考夫和约翰逊看来，理性的根源来自人类的大脑、身体和身体经验的本性。要理解理性，必须了解人类的视觉系统、运动系统和神经连接机制的细节。理性不是某个先验的存在，而是出自人们身体的特性和大脑的神经结构。② 李恒威也从演化的角度认为，认知是根植于自然中的有机体适应自然环境而发展起来的一种能力，它经历一个连续的复杂进化发展过程，最初是在具有神经系统（脑）的身体和环境相互作用的动力过程中生成的，并发展为高级的、基于语义符号的认知能力；就情境的方面而言，认知是一个系统的事件，而不是个体的独立的事件。因为认知不是排除了身体、世界和活动而专属于个体的心智并由它独立完成的事件。③

这样，从狭义上看，具身认知强调的是我们的心智、理性能力都是具身的，它们有赖于我们身体的具体的生理神经结构和活动图式（schema）；从广义上看，它指的是认知过程、认知发展和高水平的认知深深地根植于人的身体结构以及最初的身体和世界的相互作用中。④ 威尔逊（Wilson，2002）提出具身认知的基本主张⑤：（1）认知是情境的。认知活动发生于真实世界环境的情境中，并且内在的涉及知觉和行动。（2）认知是随时间变化的（time - pressured）。我们是"活着的心智"（"mind on the hoof"），认知必须通过如何在与环境的实时交互作用的

---

① Varela F. J. Thompson E. , Rosch E. , *The Embodied Mind: Cognitive Science and Human Experience*, Cambridge, MA: The MIT Press, 1999, p. 173.

② Lakoff G. , Johnson M. , *Philosophy in the Flesh: The Embodied Mind and its Challenge to Western Thought*, New York: Basic Books, 1999, p. 235.

③ 李恒威、盛晓明：《认知的具身化》，《科学学研究》2006 年第 4 期。

④ 李恒威、肖家燕：《认知的具身观》，《自然辩证法通讯》2006 年第 1 期。

⑤ Wilson, M. , "Six views of embodied cognition", *Psychological Bulletin and Reviews*, 1992, 9 (4), pp. 625 – 636.

压力下实现其功能而得到理解。（3）我们将认知的工作卸载（off - load）到环境中。由于我们的信息处理能力的有限性（比如注意与工作记忆的限度），我们会利用环境来减轻认知的工作量。我们让环境持有或者甚至为我们操纵信息，然后我们仅仅在必要的时候来掌握信息。（4）环境是认知系统的一部分。在心智和世界之间的信息流是如此的密集和持续，以至于当科学家研究认知活动的属性时，心智不能成为一个有意义的单独的分析单元。（5）认知是用于行动的（Cognition is for action）。心智的功能是指导行动，而诸如知觉或记忆之类的认知机制必须通过它们对与情境相适应的行为的贡献来理解。（6）离线（Off - line）的认知是基于身体的（Off - line cognition is body - based）。心智活动即使脱离了环境，它也植根于包括与环境交互作用的机制中，即感觉处理和运动调节的机制。

综合而言，在以具身认知作为核心的第二代认知科学看来，具身认知所涉及的论题如下[①]：

1. 具身性

心智不仅仅在头脑中，而是具身于包含在环境里的整个组织中。

比如，视觉可以作为具身认知的一个不错的例子。视觉空间的知觉并不来自一个大脑中的空间统一模型，而是来自无数的空间地图，其中许多地图都位于控制身体运动（如眼、头、手臂等）的脑皮层的区域。知觉空间并不是一个统一的外部容器，而是一个由我们的有感觉的和可以移动的身体所塑造的媒介：我们的移动"日益增多的从无差别的视觉信息雕刻出了工作空间"，"而这基于移动的空间随后成为了我们经验上的近个人视觉空间（Peripersonal Visual Space）"。

一般来说，视觉知觉，或者更为简单的观看这一活动，都是一种行动的方式，由视觉来引导探索世界。因此，"内部表征的活动并不能产生可见的经验，可见的经验发生于器官进行控制的时候，也就是所谓的感觉运动的可能事件的控制规律中。"

2. 涌现（Emergence）

具身认知由自然发生的和自组织的过程组成，该过程贯穿和连接了大

---

① Thompson E., "Empathy and consciousness", *Journal of Consciousness Studies*, 2001, 8 (5), pp. 1 - 32.

脑、身体和环境。

涌现出现于各种地方要素和规则形成行动模式的系统中。通过自组织方式的涌现包括两条循环的因果回路。除了局部的交互作用上行引发全局模式之外，还有一个相应的下行因果链，由全局模式来控制和调节局部交互行为（比如设置环境和边界条件）。这样，除了个人意识通过神经系统和肉体的活动而发生的上行因果关系之外，还有一个下行的因果关系，由动物或者人类作为有意识的主体而产生的神经系统和肉体的活动。

例如，瓦雷拉的研究表明，在癫痫病人有目的的认知活动中，其神经动力模式会发生变化。[①] 类似的，J. A. Scott Kelso 的研究显示了一个个体意识以某种方式来移动手指的意图可以稳定在一个神经肉体活动的动力模式中并使其他的活动发生动摇（Kelso，1995）。[②] 这种下行的因果链是复杂（非线性）动力系统的典型特征，并可能发生于大脑、身体及环境的动力学耦合的多重层面上。如 Kelso 所言，"心智自身是一个时空模式，塑造了亚稳状态的大脑的动力学模式"。

3. 自我—他人的共同决定（Self - Other Co - Determination）

在社会生物中，具身认知从自我和他人的共同决定的动态中涌现出来。

具身认知出现于自我和他人的共同决定中，而具身心智是主体之间最基本的组成层面。例如，我们自己的自我意识是来自自身的原始感觉，起初发生于新生儿，并与其他人类知觉的再认知不可分离的耦合在一起（Gallagher & Meltzoff，1996）。[③] 这一自我和他人的经验的耦合从出生就开始实施，其耦合程度则可以用以区分人类和其他哺乳动物。

关于自我和他人的共同决定的论题和对认知情感重要性的揭示是联系

---

① Le Van Quyen, M., Adam, C., Lachaux, J - P., Martinerie, J., Baulac, M., Renault, B. & Varela, F. J., "Temporal patterns in human epileptic activity are modulated by perceptual discriminations", *Neuro Report*, 1997, 8, pp. 1703 - 1710.

② Kelso, J. A. S., *Dynamic Patterns: The Self - Organization of Brain and Behavior*, Cambridge, MA: The MIT Press , 1995, pp. 145 - 53.

③ Gallagher, S. & Meltzoff, A. "The earliest sense of self and others: Merleau - Ponty and recentdevelopmental studies", *Philosophical Psychology*, 1996, 9, pp. 211 - 233.

在一起的。传统的认知科学认为，认知是对情感无涉的表征的操作。而新的发展特别是在情感神经科学领域，表明情感位于心智的基本层面，情感的显著性增强了关于具身和涌现的研究。瓦特（Douglas F. Watt, 1998）将情感描述为"原型的"，"整个的脑部事件"[①]，但是我们可以进一步说情感是整个生物体事件的原型。情感有无数的交织在一起的维度，实际上是表明了有机体的各个层面：比如神经系统网络，免疫系统，内分泌系统；自治神经系统的生理学变化，边缘系统，以及高级皮层等等。这样，情感的心智就不仅仅在头脑中，而是存在于整个身体。情感状态也涌现于互相作用而共同决定的感觉中：它们发生于神经系统与肉体活动，后者本身是由人或动物的发生着的具身意识和行动所调节的。因此，当将情感作为整个有机体事件的一个原型之后，我们可以进一步地说，许多情感都是双有机体事件的原型，也就是自我—他人事件的原型。

这些具身认知的基本主张各有侧重，但它们都强调的是：认知发生在一个具体的情境中，认知的功能是在与环境发生交互作用的基础上实现的，因此，认知和环境共同形成了一个认知系统。

心智不再是积极的表征工具，其主要功能也不再是为外部世界创造内部模型。事实上，内部过程和外部过程之间的联系是非常复杂的，包括内部来源（记忆、关注、执行功能）和外部来源（对象、人工物、环境）在不同时间范围内的协作。

心智的组织是内外部来源交互作用中涌现的性质，人体和外部世界都有中心而非外围的角色。从工作环境的设计来看，这意味着工作物质并不仅仅是非具身认知系统的刺激。随着时间的推移，工作物质成为认知系统自身的一个要素。就像一个盲人的手杖或者一个细胞生物学家的显微镜，都在他们觉知世界的过程中扮演了关键角色。有良好设计的工作物质将和人们思考、观察、控制的方式整合在一起，并成为认知控制的分布式系统的一部分。

──────────

① Douglas F. Watt, "At the intersection of emotion and consciousness: Affective Neuroscience and extended reticular thalamic activation system theories of consciousness", In Stuart R. Hameroff (Ed.), *Toward a science of consciousness III: the third Tucson discussions and debates*, MIT Press, 1999, pp. 215 – 231.

　　思考、记忆、感觉、计数以及类似的行动可能有时会以转化认知任务和刻画其过程的方式包括了具身的行动。与技术人工物的具身的交互行动或者在社会情境中运用手势等特有的方式，或者遵循某个身体的过程或仪式可以使其自身成为认知的形式，而不是仅仅是先前的内在认知过程的表达。思考—行动的类型存在于各种运动、音乐和舞蹈的学习技能的训练中。这些具身的认知能力与我们对技术的、自然的和社会的来源以复杂的方式交织在一起。

第三节　延伸心灵

　　延伸心灵是在 1998 年由克拉克提出的一种心灵哲学的假说。他认为，人类是错综复杂的、在心理问题的研究上存有许多争论。他的主张是，我们的心智可以向外伸展，进入一系列认知的客体，比如工具、媒介以及其他人。例如，当一个学者在写就一篇论文时，或者一个艺术家忙于一幅抽象的艺术作品时，驱动着这一过程的智能活动可以包括或者扩展（就像我们的身体和大脑一样）到一个笔记本，写有旧摘记的纸片，电话另一端的某个朋友，早期不同阶段的在电脑或者纸张上留下的各种文件，等等。人类，总的来说，是生物—技术的混合体（bio - technological hybrids），来参与认知和技术结构，而这些远远地超出了皮肤和头骨所限定的范围。①

　　这个观点表明，心智工具（mind - tools）不是简单的用于认知的东西，而是出于积极心智（Active Mind）的利用和收益：事实上，在某些情况下，随着大脑和身体与它们的交互作用，它们也是心智。克拉克说，我们"需要外部资源来执行特定的计算任务"②，并因此依靠文化人工物来"执行和加强生物的认知"③。这就是我们基本的人类的性质，去兼容、探索，以及增加那些非生物的物质，使其深入我

---

① Clark，A.，"Reasons，Robots，and the extended mind"，*Mind and Language*，2001，16，pp. 121 – 145.

② Clark，A.，*Being There*：*Putting Brain*，*Body*，*and World Together Again*，Cambridge，Mass.：MIT Press，1997，p. 68.

③ Clark，A.，"An Embodied Cognitive Science?" *Trends in Cognitive Science*，1999，3（9），pp. 345 – 351.

们的心智地图（mental profiles）（Clark，2003）。①

一　积极的外在主义

心智哲学中最为基本的一个问题是内在心智和外部世界的关系问题，我们的心智止于哪里？世界又开始于何处？前文中已经提到了两个传统回答，一是经典二元论所划定的用身体作为认知的边界，心灵就在大脑之中；二是由普特南"孪生地球"和塞尔"中文屋"的思想实验所揭示的——我们言语的意义不仅仅在头脑之中，而是和外部世界有着不可分割的联系，将内在心智与外部世界开始关联起来。

进一步的，克拉克基于环境在驱动认知过程中所扮演的有效角色提出了第三种解释，提倡一种积极的外在主义（Active Externalism）。

克拉克认为，人类的认知是具身和延伸的。为了表明具身如何在心智和认知中扮演了重要的角色，他用形态学和生物力学的方式来重新论证。他举例道，在一个人们的行走活动中，身体的大量运动属性都由整个骨骼肌系统的生物力学而不仅仅是关节控制系统来共同构造的。而且，积极的、自我控制的身体还具有能创造或者引入相应的输入的能力而允许自我构造信息。通过这种即时（just in time）的感知，人们和环境通过环境的输入可以对行为施加持续影响的方式耦合在一起。再比如，当我们追赶一个扔在空中的皮球时，我们直接使用的是外部现场中可用的数据而不是建立一个复杂的内部模型来计算皮球继续前进的轨迹。这表明了一种生态学集合的原则，人们可以使用任何问题解决的来源，无论是神经的、身体的还是环境的来源，以使最小的努力产生值得接受的结果。

这种积极的、自我控制的、感知的身体也允许代理指派生物外部（Bioexternal）资源进入它的延伸认知程序。克拉克将人们描述为"深度的具身代理"（"Profoundly Embodied Agents"），不断的与代理—世界的边界再协调，整合身体和环境的来源，以便简化和解决问题。通过重复的工具使用，可塑的神经来源成为校准过的新的身体和感知的元素，被整合进问题解决的程序中，因此我们和工具之间的分界线便日渐模糊了。

克拉克探索了具身和延伸认知对我们关于世界的意识知觉的重要性。

---

① Clark, A., *Natural - Born Cyborgs: Minds, Technologies, and the Future of Human Intelligence*, Oxford University Press, Oxford, 2003, p. 198.

他承认大脑、身体、世界和行动的紧密性必然会牵涉到知觉经验，但是他也拒绝行动知觉的观点，即我们的经验被看作是感知动力程序（Sensori-motor Routines）来与世界相互作用。知觉是以我们探索世界的方式而被塑造的，但是同时我们关于客体和事件的意识经验并没有和用以协调这种探索的感知动力程序绑在一起。有意识的知觉并不取决于一个"通常的感觉动力的流通"，而是在大脑、身体和环境之间的微妙的相互作用中出现的，充满了专门目的的流动和多种多样的、准独立的内外部表征与过程的形式。在克拉克 2008 年出版的 *Supersizing the Mind*（《超大心智》）一书中，就通过一个机器人的运动表明，代理的肢体运动可能是"使计算和表征操作得以生效的方式之一"①。有一些代理具备将世界作为自己的最好的模型的能力，而不是耗费于建构一个对外部世界的详细的内部表征。在这样做的过程中，认知操作"并不仅仅通过神经系统而被认识，还包括位于世界中的整个的具身系统"②。

贝特森曾经设想了一个经典的思想实验："假设我是一个盲人，我使用一根拐杖，我一步步的向前点着地走路。我是从哪里开始的呢？是以我握着拐杖的手部神经系统作为边界？还是以皮肤作为边界？它是从拐杖的一半位置开始的吗？还是始于拐杖的顶端？"③ 在延伸心灵的视角看来，拐杖不只是一个用于增进稳定性的工具，而是一个真正的认知和具身的结合，这导致了一个新的代理—世界循环的产生。神经的可塑性改变并更新了人类的身体图式，在整个与拐杖的认知结合的过程中起到了重要的作用。这里的关键之处在于，这种在大脑、身体和拐杖（也可以看作是一个文化工具）以及世界之间的持续的协调和再协调是由一个源于目标的问题解决的行为所指导的。

为了论证这种延伸的可能性，克拉克的思想实验以游戏俄罗斯方块为例，设想了如何旋转不规则图形从而使图形在下落后可以和已有图形相嵌的三种情形：（1）一个人坐在电脑屏幕前，上面显示着各种二维几何图形，此人被要求根据这些形状的潜在匹配关系来回答如何旋转图形以使其

---

① Clark, A., *Supersizing the Mind*, Oxford: Oxford University Press, 2009, p. 14.

② Ibid..

③ Bateson. G., *Steps to an ecology of mind: Collected Essays in Anthropology, Psychiatry, Evolution, and Epistemology*, University of Chicago Press, 2000, p. 318.

吻合，他必须在精神上旋转方块；（2）还是面对同样的电脑屏幕，这一次他被要求通过一个按钮来物理地旋转屏幕上的图像，也可以像前次一样进行精神旋转。我们猜想物理旋转的速度会快一点；（3）假设在未来的计算机朋克时代，这个人被植入了某种神经，可以进行和电脑同样迅速的旋转操作，这时，此人必须来选择使用哪一种内部来源，是用被植入的神经、还是用精神旋转，因为不同的来源在脑部活动上会产生不同的命令。

在上述三种情形中，认知是如何发生的呢？克拉克认为，这三种情形其实都是相似的。情形三的神经结构作用和情形一的精神旋转是同等的，情形二的旋转按钮的认知结构和情形三展示了同样的计算结构类型，尽管它是分布在代理和电脑之间而不是内在化于个体之内。因此，克拉克反问道，如果情形三的旋转是认知的话，我们怎么能说情形二就会有根本的不同呢？所谓的用身体来作为认知的边界从而并不能作为辩护。

进一步的，克拉克引用了基尔希和马格里奥（D. Kirsh，P. Maglio）的研究来推进他的思想实验，基尔希和马格里奥建立了一个关于俄罗斯方块游戏认知的标准信息过程模型，计算出将方块旋转90度所需要的时间：通过神经进行的物理旋转需要100毫秒，按钮旋转需要200毫秒，而达到同样结果的精神旋转需要1000毫秒。① 可见，在现实世界中开展行动要比在头脑中迅速得多。他们还提出了一个引人瞩目的证据，代理所采用的物理旋转并不仅仅是使图形可以置于空槽中，而且还常常用于决定图形和空槽是否协调。这就需要一种"认识的行动（epistemic actions）"，认识的行动改变了世界，来辅助和扩展了诸如认识和研究等认知过程。而纯粹的实在的行动（pragmatic action）只是一种出于自身需要的物理变化。这种认识的行动支持和扩大了认知的过程。

这样，认识的行动就改变了世界，并支持和扩大了认知的过程。世界功能的一部分发生在头脑中，成为认知过程的一部分。环境并不是被动的、仅仅进行自我表征，恰恰相反，环境的主体意义体现在通过记录和存贮代理的活动应对将来的需要，具备外部记忆器的功能。正如望远镜和计算机一样，这些物理意义上的东西可以进一步的用来收集和存储信息。

所谓的"积极"的外在主义强调了外部特征对认知过程的构建的参

---

① Kirsh, D., & Maglio, P., "On distinguishing epistemic from pragmatic action". *Cognitive Science*, 1994, 18: pp. 513 – 549.

与是否有发生在现场的耦合关系以及是否有交互作用。在克拉克看来,与普特南和伯奇不同的是,他们所提出的孪生地球思想实验表明了一种消极的外在主义。当我相信水是湿的,我的孪生兄弟也相信孪生水是湿的时,为我们不同信念负责的外部特征是远端的(distal)和历史的,在漫长因果链的另一端。而当下的特征则是不相关的:如果我碰巧现在被 XYZ 包围着(也许我已经和孪生地球发生了心灵传动),出于历史的原因,我的信念仍然聚焦于标准的水。在这些例子中,相关的外部特征是消极的。因为它们具有远端的这一属性,因此也就不能和当前的信念发生直接的交互作用。从而这些相关的外部因素在驱动此时此地的认知过程中并没有起到什么作用。

相反的是,积极外在主义所提出的相关外部特征则是主动的,并在此时此地扮演了关键的角色。环境并不是被动的、仅仅进行自我表征,恰恰相反,环境的主体意义体现在通过记录和存贮代理的活动应对将来的需要,具备外部记忆器的功能。例如望远镜和计算机,这些物理意义上的东西可以进一步的用来收集和存贮信息,因为它们与人类构成了耦合关系并形成了一个回路,而不是仅仅位于一个长链的末梢且有先后的时间顺序,因此对人们及其行为可以造成直接和当下的影响。

克拉克用"脚手架"(scaffold)一词来比喻为人类认知能力提供了支持的图表、算术等外部方法。我们"需要外部资源来执行特定的计算任务[①]"并因此依靠文化人工物来"执行和加强生物的认知。[②]"例如,小鱼在水中嬉游,这部分的出于一种逐步进化的能力,这种能力将小鱼的游水行为和外部水环境中的动能如涡流、漩涡耦合起来,小鱼游水的有效性在一定程度上源于这二者之间的双向作用,而漩涡既有在水中自然产生的,也有通过小鱼尾巴的撞击而形成的。小鱼和周围的漩涡共同组成了一个整合而有效的游水装置。

再如维特根斯坦在《哲学研究》中关于河流与河床的经典比喻,在他看来,水面之下的河床不是静止不变的,不再具有一种基础的含义和先

---

① Clark, A., *Being There*:*Putting Brain*,*Body*,*and World Together Again.* Cambridge, Mass. : MIT Press. 1997, p. 68.

② Clark, A., "An Embodied Cognitive Science?" *Trends in Cognitive Science*, 1999, 3 (9): pp. 345 – 351.

验的地位，的确，河床规定了河水的流动方向和数量，但与此同时，河床本身也由水流中的泥沙沉积而成，并不断的被水流冲刷和改变着。

克拉克还认为语言也是一种外部脚手架式的支撑工具，是认知过程被延伸到世界的一个核心的方式，广阔的语言环境自我们出生起就包围着我们。在这种条件下，具有可塑性的人类大脑将毫无疑问的把这种结构视为一种可靠的来源，来作为形成认知习惯的一个因素。当小鱼在摇摆着尾巴产生涡流和漩涡并随之探索时，人们在协调多种多样的语言媒介，产生当时当地的结构和困扰，这些可靠的存在驱使着人们正在进行的内部过程。言语和外部符合便因此在认知漩涡中变得首要，来帮助构成人们的思维能力。语言通过减少描述的复杂性在我们的思考和推理过程中扮演了关键的角色。出于语言对世界的标记式的独特能力，人们可以对"思考进行思考"，人类语言通过建构新的对象的操作不仅是为了语言的使用者，还为了更大的共同体。不仅是反映内在状态的镜子，还是补充延伸认知的工具①。

因此，语言是认知过程向世界扩展的关键方式，是心智转换的脚手架。语言和外部表征形成了极为重要的认知漩涡，从而构成了人类的思维。认知能力的执行实际上依赖于代理的身体和环境，通过对外部工具的吸收（incorporate）而不是简单的利用，身体得以延伸出生物体的边界。

另一种将环境特征吸收进认知过程的方式是通过位置构建（niche construction）。人们建造、利用和转换物理结构来进行问题解决。例如，我在一张便笺上随便写了几个数字并及时地看了一眼，却并不需要将数字存贮在她的生物学记忆中。这个过程包括了一个生物记忆、动力活动和外部存贮装置（纸笔）的合作。

由此，克拉克说道，当人们认识到环境对认知的进化和发展所起到的限制和促进作用时，就会把延伸认知视为核心的认知过程，而不是一种附加的产物。延伸的心灵暗示了延伸的自我，这样人们将会更真切的视自己为世界的创造者。延伸心智延伸心智延伸心智

进一步的，除了计算、学习等看上去明显的要依赖于外部因素的认知活动之外，在常识看来，那些诸如记忆、思考、推理等心智活动或许应该

---

① Clark, A., *Being There*: *Putting Brain, Body, and World Together Again.* Cambridge, Mass.: MIT Press. 1997, p. 210.

仅仅发生在大脑内部吧？克拉克认为，有些精神状态、如经验可以被内在的决定，但在某些情况下外部因素仍然会起到显著的作用。例如信念（belief）通常被认为是嵌于记忆中的，但当这些外部因素在驱动认知过程中扮演了正确的角色的时候，信念就也可能在一定程度上是由外部因素构成的。如果是这样的话，心智就延伸到了世界。

为此，克拉克举了一个嵌入记忆的关于信念的例子：Inga 听说在现代艺术博物馆有一个展览，她打算去参观。她回想了片刻并记起这个博物馆是位于 53 街的。因此她去了 53 街参观展览。很显然，她相信博物馆是在 53 街的，甚至在她咨询记忆之前就相信这一点。这不是一个暂时的信念，也不是大家的信念，这个信念就位于她的记忆某处等待着被获取。Otto 则是一个阿兹海默症患者，像许多患有阿兹海默症的病人一样，他不能依靠记忆来行动，而只能根据环境中的信息来组织生活。他每时每地都带着一个笔记本。当他得到新的信息时就写下来。当他需要一些旧的信息时，就从上面查找。对于 Otto 来说，他的笔记本所起到的作用通常就像一种生物性的记忆所做的那样。今天，Otto 听说了关于在现代艺术博物馆的展览并打算前往观看。他查询了笔记本，上面说博物馆位于 53 街，因此他通过笔记本的指引走到了 53 街的博物馆。

Otto 来到 53 街是因为他想去博物馆以及他相信博物馆在 53 街。可见，这种信念是和笔记本的作用联系在一起的。笔记本对于 Otto 来说是始终如一的，正如记忆对于 Inga 一样。我们可以通过 Inga 当前想去博物馆的愿望和她关于博物馆在 53 街的标准信念来解释她的行动，我们也可以相同的方式解释 Otto 的行动。有所不同的是，解释 Otto 的行动是通过他要去博物馆的当下的信念，他关于博物馆的标准信念是写在笔记本上的方位，可以获得的事实是笔记本显示博物馆在 53 街。笔记本上的信息所起到的作用如同构成了一个普通的非偶然的信念，只是这个信息位于皮肤之外。使信息作为信念的是它所扮演的角色，而且没有理由说明为什么相关的角色只能从身体内部的地方来扮演。

克拉克说，可能有人会认为这两个例子相关的差异是因为 Inga 获取信息更为可靠。毕竟有人可能会在任何时间拿走 Otto 的笔记本，但是 Inga 的记忆是安全的。将稳定性作为论据之一并非没有道理。但是事实上，Otto 的笔记本的认知地位已经在一开始得到过说明。如果 Otto 只是一次性的咨询旅行指南，我们将不太会将此描述为一个标准的信念。但是在一开始的例子里，Otto 咨询笔记本是非常可靠的。何况反过来看，Inga 获取她的记忆也不是绝对的可靠。一个外科医生可能会损害她的大脑，或者更平常的是，她可能会喝酒过多。这种损害的理论可能性并不足以否定她的信念。

还有一种考虑是 Otto 获取他的笔记本在实际操作上是此一时彼一时的。例如，他在淋浴时就没有笔记本，而且当天黑时他也不能阅读。显然他的信念也不能这样轻易的来去了？克拉克解释道，我们可以通过重新描述这一情境来避开这个问题，但是在任何情况下，无论如何一个偶然而暂时的分离并不能反驳我们的主张。毕竟，当 Inga 在睡着时，或者当她晕醉时，我们也不能说她的信念消失了。真正有价值的是当主体需要时，信息的获取是容易的，而且这种约束对于两个例子来说是同等满足的。如果Otto 的笔记本在信息有用时却经常对 Otto 来说是难以获得的，那么可能会存在问题，因为信息将不能扮演行动指导的角色，而这时对信念非常关键的；但是如果笔记本在大多数相关情境下是容易获得的，那么信念也没有遭到威胁。笔记本的进入正是扮演了和信念指导大多数人们的生活那样的角色。

总而言之，克拉克对笔记本的作用归纳为四点：首先，笔记本在 Otto 的生活中是一个不变的事物，在笔记本中的信息有关联的情况下，Otto 几乎不会在不咨询笔记本时就采取行动。其次，笔记本中的信息可以毫不费力的直接获得。第三，在从笔记本找回信息时 Otto 就自动的认可了它。第四，笔记本中的信息在过去的某些时刻得到了有意识的认可，而且事实上还有对这种认可的继承。

这样，外部世界与工具“在需要的时候可靠的呆在那里，可以用于意识也可以用于指导行动，以我们所期望的信念存在方式一样[1]”。这样，在延伸心智的观点看来，皮肤只是一个人工的边界。“当我们面对某个任务的时候，如果世界功能的一部分是一个过程，我们将毫不犹豫的将它识别为认知过程的一部分，那么，世界的部分也就是认知过程的一部分。由于某些外部客体可以完成这些需求，因此我们的认知过程超过了头骨的界

---

① Clark, A., and D. Chalmers., "The extended mind". *Analysis*, 1998, 58（1）: pp. 7 - 19.

限。①" 这就是克拉克所提出的对等原则（parity principal）。生物性的大脑事实上会以某种方式介入外部世界和成长，即将可操纵的外部环境的可靠存在包括进来。

　　不难看出，这些判断是基于外部世界与认知的功能性作用而做出的。如果认知过程的属性是功能的，而且如果认知过程的功能性角色由一些外部客体来完成，那么这些客体事实上是被合并进了认知过程，而不是作为一个工具来使用。人类在认知任务的导引下，通过双向交互作用与外部实体耦合在一起，创造出可以被视为认知系统的双向系统。该系统的所有部分都扮演着积极的功能，以像认知通常开展的方式那样共同控制行为。如果我们排除了外部实体，系统的行为和认知能力将会下降，就像切除了一部分大脑一样。因此，这种双向过程无论是否发生在头脑中，都等同于认知过程。人类心智与外部世界耦合的关键在于达到了某种功能性的平衡（functional poise），当外部客体不耦合就不能展示正确的"功能状态"的时候，耦合将极为重要。但是，克拉克并没有对这种作为其理论基础的常识性功能主义（commonsense functionalism）继续论证下去。

　　总的来说，这是一个自 19 世纪后期以来在心智科学中建造新范式的大胆企图，它不再如传统理论般将心智能力限定于个体之内，并由此引发了许多持续至今的关注和争论。例如，延伸心智在克拉克看来，学习和适应可以使工具使用变得透明，这样人们无需将工具看作是一个工具，如果代理和外部工具之间的耦合足够密切，人们可能不再认为在使用一个工具，而是将工具体验为自身的一部分。这样，延伸心智这一假说就开始有一种持续的对个人和主体经验的关注。然而，正是这种强调个体经验的倾向为自身留下了难以修补的漏洞。

二　"常识性"观点

　　毋庸置疑，社会的、语言的和物理环境的确在决定我们能思考和从事什么时起到了关键的作用。然而在仅从外部世界与工具有助于认知任务的实现的意义上提出延伸心灵的主张是否过强了？事实上，已有一些研究注意到了工具对认知的意义，例如，诺曼（D. Norman）使用"认知工具"（"cognitive tools"）来表述那些增强人类认知能力的工具，但是并没有提

---

① Clark, A., and D. Chalmers., "The extended mind". *Analysis*, 1998, 58 (1): p. 8.

出工具也具有某种认知能力或者属于认知进程。① 纳迪（B. Nardi）也持相同的立场，他认为，技术人工物不能知道任何事情，只是知识用于人类的媒介。②

延伸心智的观点由于较为激进，近年来在心智哲学界引发了大量的争议。其中，批判的最为激烈的是美国德拉维尔大学的弗瑞德·亚当斯（Fred Adams）教授和美国路易斯安那百年学院的肯尼思·阿扎瓦（Kenneth Aizawa）教授，他们试图将认知主体重新回归到个人。

在他们看来，克拉克的看法是一种关于使用工具的激进观点（a radical view of tool use），这模糊了认知主体及其所使用的非认知性工具之间的界限，将颅外那些和认知系统耦合在一起的部分也视为认知过程的一部分的观点走得太远了。大脑与认知工具，计算设备或者记忆辅助物的耦合系统看上去形成了一个混杂的集合，而不能作为任何重要的科学理论的基础（Adams and Aizawa, 2001）。③

为此，亚当斯等人提出一种对待的心智"常识性"（common sense）观点，即颅内主义（intracranialism），将认知仍然限定在大脑的界限中（restricted to the confines of our brains）④，来捍卫心智止于头骨这一传统立场。人类的认知能力受大脑发展所限，可以通过许多方式来得到加强，比如设计那些非认知工具（noncognitive tools），而这不过是一种普遍的常识而已。内部认知过程和外部环境的联结的确可以加强认知活动，但这并不会使认知延展到更广阔的环境中。他们的批评直接指向关于环境可以作为认知来源（source of cognition）这一看法，以及代理和环境作为延展认知系统（extended cognitive system）的特征的观点。具体而言，主要集中于判断认知的原则、延伸认知与延伸认知系统、功能性工具的问题、有机体中心等方面。

首先，如果延伸认知的目的是想说明关于认知的界限在哪里的话，就

---

① Norman, D., "Cognitive Artifacts", In: J. M. Carroll Ed., *Designing Interaction: Psychology at the Human – Computer Interface*, Cambridge University Press, 1991, pp. 17 – 38.

② Nardi, B., *Context and Consciousness: Activity Theory and Human – Computer Interaction*, The MIT Press, 1996, p. 53.

③ Adams, F., Aizawa, K., "The bounds of cognition", *Philosophical Psychology*, 2001, 14, p. 63.

④ Ibid., pp. 43 – 64.

必须先区分认知与非认知。

亚当斯和阿扎瓦认为，对于认知的解释首先需要一个有条件的经验事实。延伸认知需要某种标志（mark）作为辩护的前提。例如，人们不能在建立区分生命与非生命的条件之前就说生命是在火星上还是在病毒中，首先应该对生命的条件加以界定。没有关于什么是认知的标志，如何可能宣称认知是延伸的呢？而对于某个系统或者过程是否属于认知的判断关键取决于认知的基本理论。亚当斯认为，判断某个认知活动是否属于认知活动有两个标志。首先，认知是自有的、具有内容的、非驱动的。一个认知系统应该先有具备一种承载内容的状态，即独立于其他表征的或者有意图的能力的表征。① 这并不是其他人分配的结果。而电脑、书籍的内容状态则是被驱动的，因为人们给它们安排了这些意义。其次，认知由某些特定的机制来执行，人们可以通过一套完整的工具和方法来调查认知过程中的记忆、觉知、学习等认知机制，以此来区分认知过程和机制的属性。这些都仅仅发现于人脑。的确，具有基本内容和过程细节可以用来标志正确的认知活动。以这个逻辑来看，电脑必须拥有满足非驱动内容的条件，并参与可区分认知过程的因果联系才能有所谓的延伸，而该条件又是难以满足的。因此，"我们有理由支持认知过程典型的在大脑边界之内并且没有从神经系统延伸到身体和环境中"②。

克拉克对此的回应是，问什么使一个外部客体是认知的就是问了一个错误的问题，因为"吸引耦合的不是试图想使任何一个外部客体认知，而是使有些自身并不被有效（也许甚至没有智能）的作为认知或者非认知的客体，进入一些认知程序（Cognitive Routine）的适当的部分中"③。一方面，我们不应该过度地限制于科学的解释，或者对科学的解释有一种清教徒式的观念（puritanical notion of scientific explanation）④；另一方面，我们应该提前排除这种可能性，即事实上可能还有更高层面的解释可以发现超越"非科学的能力的混杂（unscientific motley of capaci-

① Adams, F., Aizawa, K., "*The Bounds of Cognition*", Blackwell Publishing Ltd., Oxford, 2008, p. 31.

② Ibid., p. 70.

③ Clark, A., *Supersizing the Mind*, Oxford: Oxford University Press, 2009, p. 87.

④ Clark, A., "Memento's Revenge: the extended mind, extended", In: Menary, R. (Ed.), *The Extended mind*. MIT Press, 2010, pp. 43 – 67.

ties）"的附属物或者模式，通过延伸的混合心智表现出来（Adams and Aizawa，2001）。① 也就是说，对于一个脚手架式的特定形式的情景化的细致解释及其认知角色不需要消解到一个混乱而没有关联的描述上去。如果我们想得到关于我们这种认知混合体的客观解释的话，神经科学必须和社会科学、历史、中介理论等联系在一起。

但是这并没有回答亚当斯和阿扎瓦的问题，因为提供一个认知的标志只是提供一个准则，用来使一个客体成为被外部客体完成的一些认知程序的合适部分，而克拉克难以提供这种标准，却直接质疑这种问题本身的必要性。因此亚当斯和阿扎瓦批评克拉克的观点是一种人类中心主义和神经中心主义（anthropocentrism and neurocentrism）。②

其次，应该将延伸认知系统与延伸认知这两种假说区分开来。

通过一个系统的构造所实现的认知结果并不能证明这个系统的各个部分也具有认知能力。"并不是说过程 X 在某种方式上因果的与认知过程联系起来就因此成为了认知过程的一部分。"③ 认知延伸到颅外意味着什么？比如，电脑在认知任务中扮演了收集信息或运算的角色，这样一个认知系统就完成了任务。这个任务的完成并不仅仅发生在大脑中，从而使认知延伸开去，但是颅外部分就能由此成为认知过程的一部分了吗？亚当斯指出，这个假说的错误在于将认知系统的一部分看做是认知过程的组成部分，而不是视为对发生在大脑中的认知过程的有因果关系的贡献者。显然，延伸认知的假说是一个更强于延伸认知系统的假说。认知系统的延伸要比认知本身的延伸的问题少一点。④ 但即使认知代理及部分环境构成了一个认知系统，也并不表明这些系统中所发生的认知过程的延伸是事实使然的。因为系统中所有介入的要素并不需要以同样的规则来行动⑤，不同类型的系统会有不同的次级规则，也不需要内部和外部的要素有相同的功能。的确，笔记本在 Otto 的信息处理策略中起到关键的

---

① Adams, F., Aizawa, K., "The bounds of cognition", *Philosophical Psychology*, 2001, 14, p. 62.

② Adams, F., & Aizawa, K., *The Bounds of Cognition*, Blackwell Publishing Ltd., Oxford, 2008, p. 89.

③ Ibid., p. 91.

④ Ibid., p. 106.

⑤ Ibid., p. 118.

认知作用，但这是一种用来支持他自己倾向性的信念的存贮模式，不同于标准的生物记忆的规则。

不过，在笔记本存储和标准生物记忆之间的区别并不会对克拉克的功能主义的解释造成困难，因为根据克拉克的观点，问题在于信息从笔记本中恢复的模式和从生物记忆中恢复的模式是相同的。克拉克的确同意某些类型的处理和编码是内在的，适用于作为真正的认知过程的计算基础，而且没有什么认知系统是完全由延伸认知所援引的外部来源组成的。因此，不能忽视各种形式的延伸认知所依靠的核心神经系统的独一无二的重要性。但是，延伸的目的并不是忽视内部和外部对认知的贡献的差异，也不是贬低认知核心（cognitive core）的角色，而是用来理解"更大的系统性的网络"，其中外部资源扩大了这个认知核心并展示了新的认知技能。①如果我们试图去理解各种问题解决的模式，我们的研究必须扩展到大脑、身体和世界。

第三，耦合构造的谬误。代理与工具使用之间的因果耦合的关系就可以证明后者是一个代理认知程序的构架部分吗？亚当斯和阿扎瓦认为，这是一种"耦合构造谬误"。代理和外部客体的密切的因果耦合并不需要这个客体以任何实质性的意义来构成到代理的认知过程中。而克拉克的提议几乎完全依赖于功能性的考虑上。通过放置一个功能性的观点，所有关于在大脑内部或者外部的特定物质基础的争论都被忽视了。

布洛克（Block，1978）②已表明常识性的功能主义过于自由，因为它将精神状态直觉地归因于没有精神生活的事物，他不同意常识性的功能主义通过民间心理学的陈旧用语来界定精神状态的企图。他认为尽管缸中之脑没有表现出行为和输入以及精神状态之间的通常的连接，它也是有心智的。两个直观上不同的精神状态是民间心理学所区分不了的。Rupert 也质疑道，认知过程在很大程度上，但非因果意义上依赖于外部的特征。为什么要从纯粹的工具应用转移到彻底的结合呢？关于内部认知过程的研究可以取决于完备的定律和规则，但是这是否就是关于延伸的认知过程的系统科学则是令人怀疑的。他担心我们反而会失去对心智的实践和理论的理

---

① Clark，A.，*Supersizing the Mind*，Oxford：Oxford University Press，2009，p. 109.

② Block，N.，"Troubles with functionalism". In C. W. Savage（Ed.），*Perception and cognition. Minneapolis*：University of Minnesota Press. 1978，pp. 261 – 325

解力，因为它们不再是一套整合的、持续的、有机的能力①。

克拉克关于延伸认知假说（HEC）的论点因此不是一个耦合结构的论点。尽管克拉克并没有明确的表述，但是对等原则本身并不支持延伸认知假说，因为它没有讨论允许世界功能的一部分作为一个可以被称为认知的过程的必要条件，它也没有讨论这些条件是否被执行。修补这个鸿沟的方式是一个对功能主义的先验的信奉。如果一个过程实现了正确的"功能状态"，而且至少一些外在于器官的客体有助于常识性的功能角色，就可以认为这个过程是认知的。克拉克承认，这一假说起初的观点最好被视为"一个简单的争论的延伸和认可，即关注精神状态的常识性的功能主义，其中普通人类代理已经运用丰富的关于功能性角色的理论区分了各种相似的精神状态"②。经的行为并没有幸运的拥有一些内在的属性可以使它们独自来作为心智和智能的系统而行动，而且，大脑中没有单一的、全能的、隐藏的主体可以来进行所有真实的思考。

第四，"有机体中心"的后退。亚当斯等人还指出，当克拉克致力于提出一条激进的进路时，他却在事实上再次向非常传统的观点回归了。克拉克在一处尾注中写道："在拒绝了将人类认知过程视为以有机体为界（Organism bound）的想像之后，我们应该不会感到被迫的去否认以有机体为中心（Organism centered）了。实际上，主要是生物的有机体，特别是神经组织，编织和维护着附加结构的网络，才形成能完成自身认知的部分机制。是生物的人类有机体编制、选择或者维护着认知脚手架的网络，参与了其自身的思考和推理的延伸机制。这样，个体认知就是有机体为中心的，即使它不是以有机体为界的。"③

这个有机体中心认知的假说（Hypothesis of Organism – Centered Cognition）意味着有机体、特别是大脑和中枢神经系统，是认知的核心和最积极的要素。这样，我们可以隔离并研究位于认知中心的核心的生物成分。但这难道不是一种后退吗？克拉克承认有些认知过程是完全的内部的，它们所牵涉的模拟循环都位于大脑和中枢神经系统中，没有理由用延

---

① Rupert, R., "Challenges to the hypothesis of extended cognition". Journal of Philosophy, 2004, 8: pp. 389 – 428.

② Clark, A., *Supersizing the Mind*, Oxford: Oxford University Press, 2009, p. 88.

③ Ibid., p. 123.

伸来否认一些常见的大脑活动，如做梦、计划、沉思。但他的论断探索的是那些不以这种内在的方式开展的认知活动，以及人们的大脑如何避免这种与环境的分离。然而，当克拉克主张我们的认知活动也有一些是完全发生在大脑中时，看上去他仍然在一定程度上不肯放手他希望拒绝的以大脑为界的模型（brainbound model）。

三　认知代理

从本体论的角度来看，上述争论的一个核心的问题是，在考察认知的准则、功能、机制之前，没有回答什么是认知代理（Agent）的问题。是传统意义上的个体心智，还是在延伸心灵的视野下包括外部认知工具的认知共同体？

卡林·诺尔－塞蒂纳（Karin D. Knorr－Cetina）[1] 从上个世纪 80 年代开始，长期在位于瑞法边境的欧洲粒子物理研究所进行实验室研究，并结合同期开展的分子生物学实验室研究，将这两大前沿科学作为研究对象，分析和比较了不同科学领域所展示的不同的认知文化，把自然与社会通过实验室联系起来。塞蒂纳认为，高能粒子物理学与分子生物学的研究相比，虽然同是在实验室展开的科学研究，但是由于学科的差异，使二者在研究方法、团队合作、竞争、规模、复杂程度等方面都大相径庭。

二者分属于两个层次：分子生物学的实验室是小型化的，并以项目研究与个体研究为主，个人是认识的主体，实验室、实验、过程、课题都通过个体来完成；而欧洲原子对撞所作为一个超大型的跨国实验室，涉及到上亿美元和多达 8 千多位物理学家的长时间投入。在这里，世界上最大的强子对撞机和超级质子同步加速器等大型实验设备是共享的，实验结果是公开的，科学家们采用不同的算法来分析实验结果。没有个人能在非合作的状态下决定或左右研究的进展与结果。因此属于较高的等级，该实验室自身就应该被视为一个认知系统。

如果知识被生产出来，就必须有一个认识的主体，这个主体对于科学的下一步发展是有所预期的，那么，这就需要一个有心智的主体。借用涂尔干的"集体意识"概念，不是个人或者小群体创造出了知识，而是要

---

① Cetina, K., *"Epistemic cultures: How the sciences make knowledge"*. MA: Harvard University Press, 1999.

消除个人作为认识主体的看法。因此，在高能粒子物理学研究这里，唯一有效的认识主体是扩展的实验。实验室本身就是一个由"自我（科学家）——他人（实验的设备和仪器）——物（实验的材料）构成的现象场①。实验就是某种"自知识"，由不断的实验、过程以及人们间非正式的信息共享而来。塞蒂纳并没有直接涉及到延伸心智的概念，但是她的看法和克拉克的相同之处在于，都把认知代理的主体和功能扩展到个人的界限之外。同时，塞蒂纳多次使用分布式认知这一短语来描述高能物理实验。

罗纳德·吉尔（Ronald Giere）对上述关于延伸代理的看法提出了反驳，他认为，把这些关于人类代理的概念，如心智、意识、意向性等，扩展到诸如人与人工物或者非人实体上是一种过高的解释（high - level interpretation）。代理和人体一样有心智吗？代理对其环境以及作为环境中的行动者的自身是否有自我意识？也会根据文化和当地共同体的标准承担责任，并宣称所知之事与未知吗？

吉尔说，按照克拉克的看法，如果有人刻意的偷走了奥本海默症患者的笔记本，那就等同于对患者的袭击，因为笔记本正如同人的左脑一样是其认知功能的关键部分。但是，人们不能想象对关于笔记本也是人的一部分心智这一宣称的经验检验。即使法庭认为偷窃笔记本就和人身伤害一样是一种严重的犯罪，也没有法律表明偷笔记本的人就造成了人身伤害，这就不能证明笔记本是人们心智的一部分。而且，当人们扩展如意向、信念、知识等概念时，更严重的问题出现了。以美国宇航局的哈勃太空望远镜为例，它长 13.3 米，直径 4.3 米，重 11.6 吨，造价近 30 亿美元。以 2.8 万公里的时速沿太空轨道运行，清晰度是地面天文望远镜的 10 倍以上。2007 年，哈勃望远镜在距离地球 24 亿光年的"阿贝尔 520"星系团中发现两个超大质量恒星簇之间发生猛烈碰撞时形成了神秘暗物质环结构，位于炽热的气体附近，但该区域几乎看不到星系。这个异常现象让很多天文学家困惑不已。2010 年，哈勃望远镜的观测显示，在 1250 万光年之遥的 NGC 4449 矮星系中持续燃放着"恒星烟花"。吉尔提出，在这个例子中，如果我们把哈勃系统看作一个有自身心智的认知代理的话，那看上去，我们将不得不认为它的心智是从 24 亿光年的外太空延伸而来的。

---

① 盛晓明、陈海丹：《从实验室研究看认知文化》，《科学学研究》2007 年 12 期。

而结果将导致一些无法回答的问题：心智可以控制光速吗？意图传递的速度有多快？哈勃望远镜作为一个认知的整体需要对最终结果负责吗？在吉尔看来，这些问题并不具有意义①，这种心智的延伸也并没有为科学研究提供理论优势。相反，它们带来了一系列的理论问题，其引发的困惑远远多于解疑。正如齐曼所言，科学知识是公共知识。那么生产科学知识的认知系统就应当被看作科学共同体，例如甚至出版社这样的部门也应当包含其中。这样认知系统最后变成了有模糊界限的不同种类的系统。所以，应该抵制把认识代理归因到作为整体的认知系统的企图。吉尔将认知主体回归到个人，并认为我们并不需要拓展新的认知代理。

吉尔进一步提出，人类代理这个概念所遇到的一个传统困难是，它看上去预设了一个自由选择与行动的观点，而这与人类是一种生物组织的科学理解是矛盾的。在一个自然主义的框架中，我们行动的潜在原因就在我们心中，而那种人们可以在很大意义上自由的促使事情发生的主观印象则是一个错觉。因此，吉尔将代理的概念视为一种理想模型，就像力学中的点式群体一样。它们并不在物理意义上真实的存在，但却是极为有用的分析模型。我们关于人类代理的基本理解也应该如此，在我们组织个人和集体生活时是非常有效的。但仅此而已。

当然，某些源于人类可以超出生物体界限的延伸是自然甚至有用的。以记忆为例，现代科学发展所产生的各种存储设备可以被视为某种外部的记忆工具。例如人与电脑所组成的认知系统就像克拉克思想实验中的 Otto 和他的笔记本一样，其强大的记忆能力远远优于个体。但是即便如此，将一个延伸系统视为具备某种整体的记忆还是不同于一个具有存储大量内容能力的设备。但是，本书认为，吉尔的问题在于，他辩护的出发点与延伸心智假说的因果关系是相反的，延伸心智假说以个体的心智为出发点，然后再将心智与外部世界情境化的耦合在一起；而吉尔的辩护却从心智的延伸推演到外部世界也具有某种心智并以此作为前提和批判的对象，并不是对延伸心智的直接批判，偏离了关于认知代理的问题。所以，上述争论并没有对个体、认知主体、认知代理、认知过程和认知系统做出清晰的界定。

---

① Giere, R. N., "The Problem of Agency in Scientific Distributed Cognitive Systems". *Cognition and Culture*, 2004, 4: pp. 759 - 774.

四 是心智延伸还是认知分布？

1. 心智就是认知吗

一个有趣的现象是，在 1998 年，克拉克用延伸心灵（Extended mind）来概括将心智移出体外的主张。在他 2009 年的著作中，克拉克虽然仍在论证同一个问题，但有时会使用延伸认知的提法，有时却会直接用 EXTENDED 一词来作为新的模型，即人类认知的某些模式是由反馈、前馈的循环交织在一起的，这个回路中跨越了大脑、身体和世界的边界。如果这是正确的话，心智的基本机制就不是都位于头脑中的。①

然而，在没有对心智与认知这两个概念作出澄清之前，这种直接等同的使用所带来的歧义将不可避免。那么，心智是什么？认知又是什么？心智和认知指代的是同一个事物的名称及其功能吗？认知是心智的唯一功能或者主要功能从而在这个意义上可以替代吗？认知的延伸是否就意味着心智的延伸？这些问题涉及当前心智哲学和认知科学研究的最基础也最复杂的内容，有各种系统的大量争论，关于人类心智的一幅全景式图画也远未完成。② 下文的解释也只是一种尝试。

一般而言，心智是一个和身体相对应的比较宏观的概念。它通常包括智能和思维、知觉、记忆、情感、意愿和想象、感受等意识经验，以及所有无意识的认知过程。意识经验具有独特的主观特性，即感受性（qualia），可以说是心智的核心，是我们之所以成之为人的最基本的东西。而在认知心理学的范畴看来，认知通常指对作用于人的感觉器官的外界事物进行信息加工的过程，包括知觉、记忆、想象、思维和语言等。由此可见，认知过程和心智活动有着密不可分的关系，或者说许多心智活动的目的是为了获取某些认知的内容。但是，这并没有表明心智活动可以等同于认知活动，这二者之间的关系是包含的。

克拉克所说的延伸心灵就是犯了这种包含过度的错误。我们可以说觉知在外界的作用下拓展了空间，但是我们能说感觉有延伸吗？正如塞尔在中文屋思想实验中所论证的那样，一个计算机可以被证明有认知能力，因为它可以完成对中文字体的读取任务并且作出相应的执行。但是

① Clark, A., *Supersizing the Mind*, Oxford: Oxford University Press, 2009, pp. xxviii.
② 商卫星:《心智研究: 跨学科的攻坚》,《安徽教育学院学报》2007 年第 1 期。

它显然不能被证明有心智，因为它不能感受到任何中文字条的意义。具有认知能力对心智而言是不充分的。再如，著名的黑白玛丽思想实验也揭示了关于感受性的问题，玛丽有各种关于颜色的知识，但是当她真正看到彩色的时候，她还是产生了一些新的不能从已有知识上推断的感受。意识就其本质而言所指的是主观状态或主观过程，离开一个作为意识经验的主体而谈论意识是完全悖谬的。因而意识主体的首要特性是经验的而不是认识的，即一个意识主体正因为其经验的感受性而成为独一无二的（individual）。①

既然经验都被外部决定了，感受性的东西也被外部决定了。它一方面是纯私人的体验，是我们之所以为人的根本，但另一方面还是延伸了，这里的延伸并不是说外部某物也具有了感受性，就像我们能接受认知能力的延伸，也并不表明其他外部某物就有了认知能力。而是说这种感受性在极大程度上受到外部环境的影响。我们并不否认，外部世界与个体心智的认知能力之间的交互作用以及认知能力由此而获得了更大的认知空间、更多的认知信息，从而认知能力的边界被极大地扩展了。玛丽看到彩色的感受的确是纯私人经验的，是神经元作用后呈现出来的某种现象。但是如果没有一个彩色的环境给她，她也不能有新的经验产生。因此她的经验在这个意义上被延伸了，也就是媒介内在主义在内容外在的基础上所产生的延伸。

因此，所延伸的不是全部的心智，而是心智中特定的认知能力；认知能力不是主动的延伸，而是在外部环境的影响下被拓展而被延伸。当然，我们也可以替克拉克做出解释，即在他论证的意义上，心智更多的是指认知能力。但如果这样的话，就应该用专业的术语来指代。因此，更为准确的提法是所延伸的认知能力（be extended cognitive faculty），来表明心智是在外部环境的作用下扩大了认知范围。这样澄清的好处在于，一方面克服了人们对"心智是如何（主动）延伸的"的一般困惑，避免了因为心智这个概念的复杂性而置概念于无果的论争中；另一方面，更好地与传统的内在主义将心智视为主动的作用于世界的观点直接对应。

2. 以心灵为本体的延伸

从与传统个体内的认知主义分离的立场来看，延伸心灵的提出可以被

---

① 李恒威：《意识经验的感受性和涌现》，《中共浙江省委党校学报》2006年第1期。

视为理论进化的结果。但是不合乎逻辑的是，当它试图与传统的认知主义划清界限的时候，却恰恰仍然站在原有的个体心灵的立场上，并没能摆脱一个先验式的心灵的认识主体，这是延伸心灵无法克服的根本弱点。它的基本逻辑仍然以心智作为核心，然后再延伸出去。也就是说是在以人为本体的框架下讨论认知问题的解决，外部工具如 iphone、拐杖都只是在有必要的时候才能为人所用。尽管克拉克声称，这是一种生物—技术的混合体，但他事实上并没有在这种混合中不做出回归到心智的倾向，他甚至用"有机体中心"来体现了这种犹豫。当他用"人类可以兼容，探索，以及增加那些非生物的物质，使其深入我们的心智地图"的描述时，已经不自觉地把心智放在第一位了。当他试图消解人与物之间的界限时，他还是走不开以心智为本体的立场。

延伸心灵的一些例证清楚地说明了这一点，例如查尔姆斯通过手机来查找通讯录为例来说明手机与其认知功能实现的息息相关；再如当 Otto 需要查找博物馆的地点时，他使用笔记本。从认知目标的达成来看，手机和笔记本作为必不可少的信息工具，的确扩展了人们的认知能力。但是如果考虑到认知开始与认知结果的实现，是否也是可以延伸的？

其实查尔姆斯也已经用"那么当一个人伸手去拿手机时，手机有心智吗？"这样的问题作出了隐隐约约的质疑。"很自然的是，觉知正是世界用以影响心智的界面，而行动则是心灵影响世界的界面。这样，就有可能在 Otto 和 Inga（正常人）之间做出清晰的区分。在和笔记本进行交互作用之前，Otto 必须在上面进行读写，这就需要觉知与行动，而 Inga 则没有这样的需求。如果是这样，笔记本将会确实在心灵的外面。"① 也就是说，我们对外界做出行动的反应，外界给予我们某种回应的心理感知，而这种行动和感知正是区分内外部认知界限的某种标记。

因而在延伸心灵这里，认知过程仍然以个体的心智作为出发点，来考察心智是如何在外部情境和工具的辅助下扩展了认知能力，而并不是像它自身宣称的那样已经延伸到了外部，或者说它无法通过从个体心智延伸到外部的方式来证明所提出的观点。做个不大恰当的比喻，延伸心灵的观点

---

① Clark, A., *Supersizing the Mind*, Oxford: Oxford University Press, 2009, p. xi.

就像一场蹦极游戏，表面上好像从高处疾速而下，实际上绳子还是必须牢牢地拴在起点。因此，这条从心智出发延伸到外部世界的研究进路，从出发点开始就无法修补自身的漏洞，也自然会受到种种攻击并举步维艰。这或许是笛卡尔传统所划出的难以走出的圈子。因此，进一步的工作由于第一人称哲学的视角限制，已经不能走得更远。

　　然而，回避不了的问题仍然是，认知活动在多大程度上与外部环境完成认知活动，又以何种方式展开的呢？还有其他的研究视角和方法来解答吗？

第 四 章
来自荒野的认知

第一节 从延伸到分布

上一章已经表明的是，当前，对于认知过程的展开和认知任务的完成都不囿于个体大脑这一观点已经得到了普遍的接受。查尔姆斯说，很难否认，非常重要而关键的一点是，人类的心灵已经和身体及外部世界联系在了一起。[①] 因此，在心智哲学领域内对认知的研究出现了从情境认知走向了具身认知和延伸心灵的渐进式的深入。这些进路除了试图从递进的层面来理解认知及其过程之外，还明显地呈现出对于将心灵仅仅物化和局限于大脑的一种逐渐增强甚至激化的反对。这种反对在延伸心灵这一观点里尤为鲜明，因为它看上去是如此激进以至于似乎触到甚至越过了传统人类认知观点的底线，即心灵的认知过程仿佛都可以在体外实现了。

以更为传统的观点来看，认知处理与认知发展的研究前提是将认知视为某种个体所具有的能力，并且以大脑或体内为认知的发生场所，而外部因素如社会性、文化影响等都是背景性的要素，或者是外部刺激的各种来源。这个观点看上去是如此的自然以至持续至今。但是，如果在一个真实的包含了社会因素和技术因素的情境中考察人们的认知行为时，那种从身心二元出发的视角是难以得出认知被有效地执行的结论的。假设我进行了一个 google 地图的检索，或者编辑一个文档，这些认知活动都难以孤立来开展，而是必须与各个分布着的情境要素共同完成，在由文化提供的工具和设备的帮助下形成一种联合性的关系。

这种日常认知的特征反映出，曾被宣称位于个人的头脑之外的社会和人工的环境，不仅是刺激或者指导的来源，而且是思想的媒介（vehicle

---

① Clark, A., *Supersizing the Mind*, Oxford: Oxford University Press, 2009, p. X.

of thought），外部要素开始成为认知的表征来源。同时，这些外部环境的安排、功能和结构在处理过程中也发生了变化，成为认知学习的一部分，而这源于认知与环境的合作。换言之，这不仅仅是单独个体（person - so-lo）的学习，而是彼此关联的各个要素形成的整个系统的个体之和（per-son - plus）。这样，随着人类认知的建构主义观点的广为接受，对于认知是情境的和分布的可能性引发了一系列的思考。其结果就是承认不仅仅是社会的和其他的情境因素对"颅内"的认知有重要的影响，而且这一社会过程也应该被视为是认知的，这就是从新的角度来回答上述问题的分布式认知进路。

分布式认知研究的是"个体头脑中的知识表征和在世界中的知识表征；知识在不同的个体和技术人工物之间的传播以及在个体和技术人工物操作下外部结构所经历的转化。通过以这种方式研究认知现象，来获得对智能如何在各个系统层面上、作为与个体认知层面的对立而被清楚表达的理解"[1]。认知活动总是发生并分布于特定的文化和历史背景中，他人、技术人工物（artefacts）、外部表征和环境共同构成了认知实现不可或缺的部分，因此认知最好被理解为一种分布式现象。

罗格（Y. Roger）概括说，分布式认知强调认知是人、人工物以及通过"表征状态"和"媒介"等内外表征之间的分布式的属性及其交互作用。[2] 这一观点试图表明，人类认知过程是如何的超越了个体行动者的界限，包含言语和非言语的行为，行动者使用的合作机制和交流的形式（即组织）、表征与媒介、知识代理（agency）以及可以言说和不可言说的知识共享和获取的方式等。以至于分布式认知被认为是一个较为激进的用以重新思考认知科学各个领域的新范式。[3]

---

① Nick V. Flor & Edwin L. Hutchins, "Analyzing distributed cognition in software teams: a case study of team programming during perfective software maintenanc", In J. Koenemann - Belliveau, T. C. Moher, and S. P. Robertson, editors, *Proceedings of the Fourth Annual Workshop on Empirical Studies of Programmers*, Ablex Publishing, Norwood, N. J., 1991, pp. 36 - 59.

② Rogers, Y., "Distributed Cognition and Communication", *Encyclopedia of Language & Linguistics*, 2006, pp. 731 - 733.

③ Rogers, Y., "A Brief Introduction to Distributed Cognition", http: //parvac. washington. edu/courses/inde599/dcog - brief - intro. pdf.

第二节 荒野中的认知

分布式认知这一概念的正式提出要追溯到加州大学圣地亚哥分校人类学教授埃德温·哈钦斯的工作。自20世纪80年代开始,哈钦斯运用认知人类学非参与式观察的研究方法,在美国海军的航空母舰上进行了长时期的田野调查,考察自然情境下的认知活动,对认知发展提出了新的解释方向,即分布式认知的观点。

1980年10月,航母Palau号(化名)从开阔的北太平洋出发,穿过朱安德富卡(Juandefuca)海峡,沿着普吉特桑德(Puget Sound)前行,最后抵达西雅图。这艘航母和这段航程就是哈钦斯的考察对象,研究的核心案例是航空母舰在航海过程中的导航行动。哈钦斯通过观察导航小组的日常工作,分析在正常情况及紧急状况(如主要的导航工具罗盘失灵)下,军舰方位的确定及其过程是如何完成的,这种方式和传统有何种联系,活动怎样通过成员间及成员与工具的协作完成,传统导航者和西方导航者如何发展各种表征和算法的计算技术,军舰是如何抵港和出港等各种认知活动,试图通过这种自然情境中的认知分析来揭开认知的真实发生过程。

在自然情境中的认知这一主题正是认知人类学真正该做但却在很大程度上忽视了的。作为认知革命的一部分,认知人类学曾经迈出了关键的两步:首先,通过向内考察一个个体作为一个文化成员必须具有能够发挥作用的知识,问题变成了"一个人必须知道什么?"知识被认为是发生在个体的内部,这与社会脱离开来。其次,在探求人们知道什么时,人类学家们既不理解人们是如何知道他们所知道的,也不理解环境是如何对发生于其中的认识产生作用的,这与实践脱离开来。哈钦斯认为,既然认知人类学是作为一个学科起步的,就应该去除这些已经成为负担的假设,这妨碍了我们看清人类认知的本质。由于强调发现和描述某种程度上"内在于"个体的"知识结构",往往使我们忽视了一个事实,即人类认知总是处于复杂的社会文化世界中,而且不可避免地受其影响。

因此,哈钦斯考察的目的在于弱化先前进路所造成的严格界限,并试图确立情境中认知活动的地位,这里所谓的情境不是一组环境条件固定不变的集合,而是更广的动态过程,其中个体认知只是该过程的一部分。哈钦斯把认知放回到社会和文化的世界中，并试图表明，人类认知不仅仅受到文化和社会的影响，而且从根本上说，它本身就是一种文化和社会过程，这样的话，认知分析单元的边界将移到个体之外，而将导航团队当作一个认知和计算系统。①

哈钦斯于1995年出版了代表性著作《荒野中的认知》（*Cognition in the Wild*），这是一本当代认知科学各条进路的研究中普遍会参考和提及的领航之作。根据学术 google 的书目检索统计，到目前为止，该书被引次数已达7000余次，具有广泛的影响力，因此称其为认知科学新进路内的奠基性成果并不为过。

在《荒野中的认知》一书的绪论中，哈钦斯对篇名做了说明，"荒野中的认知"这一短语指在自然生活环境中的人类认知——即自然发生的由文化构成的人类活动。这里的"荒野"即指和实验室有所区别的日常世界。在实验室中，认知在可控的环境中被研究；而在日常世界中，人类的认知是为了适应自然环境，人类认知与有丰富组织资源的环境发生交互作用。

该书首先描述了一个轮船处于危机及其解决过程的案例，随后引入民族志的研究工作，并用三个旅程表示出来。一是空间环境的物理转移，从家庭到舰船；二是从市民社会世界到海军的社会组织、再到导航桥楼的社会空间转移；三是从日常生活概念到航海技术领域的概念空间转移。对于舰船的构造和军队的社会组织结构都作了说明，把舰船的导航活动置于更广阔的现代生活世界中。

随后，哈钦斯把第一代认知科学的符号计算的核心观点引入到认知系统中，并将导航活动作为认知的分析单元。在一个大型系统里的计算可以通过表征状态的产生、转换和传播来被理解。但是作者声称，"除了说明无论发生什么都存在一个更大的计算系统之外，我没有对发生于个体内部的计算的本质做出任何特别的评价"。哈钦斯还比较了现代西方导航与密克罗尼西亚导航实践，并认为这些传统之间相当大的差别就在于表征计算层面和执行层面，而这些差别是受到复杂的文化历史过程的影响的，这与最后一章的文化认知遥相呼应。

导航的基本程序是通过"循环定位"（fixed cycle）作为一种计算的

---

① Hutchins, E., *Cognition in the Wild*, The MIT Press, 1995, p. Introduction ⅩⅣ.

执行所完成的，其中轮船与已知陆标的空间关系的表征被创造、转换和合作。认知活动被哈钦斯发展到更大的系统层面，详细阐述了实现导航计算的物理结构和计算的概念。哈钦斯认为，计算的本质就是表征状态通过各种媒介的传播。这样可以使用单一语言来描述导航员大脑内部和外部的认知和计算过程。哈钦斯还分析了与工具发生相互作用的个人所构成的局部功能系统如何具有认知属性，而这与单独个体所具有的认知属性完全不同。特别要说明的是，人类的思维环境不是"自然"环境，而是彻头彻尾的人工环境。人类通过创造环境而创造认知能力并在环境中实践这些能力。

哈钦斯进一步将认知活动扩展到团队组织，考察了作为一个整体的团队的认知属性。导航团队成员如何形成了一个灵活的关联组织，从而在面对潜在破坏性的事件时保持表征状态的传播；交流模式是如何在一个群体中产生特定的认知属性的；在导航团队中观察到的交流特征及其对团队计算属性有何影响。哈钦斯通过联结主义网络的计算机模拟来探讨这些假设，认为导航团队成员可用的交流带宽影响了作为一个认知系统的团队的计算属性，而且交流并不总是越多越好。

该书还描述了认知系统组织的学习以及导航新手在情境中如何成为专家的过程。通过导航观察来论证能力的社会建构。考察了如何从错误中学习，以及检测错误的条件。在这个系统中，计算的依赖性就是社会的依赖性。这意味着，新手对工作场所社会关系的了解是任务本身的计算依赖性的一个部分的模型，导航团队成员的交流活动并不是关于计算的，而它们本身就是计算。

作为一名人类学家，哈钦斯的关注点最终落到文化认知上。他论证了在真实的认知情境下，文化与认知关系的一致性，并提出需要一个新的框架来理解人类认知中最具有人类特点的东西。文化不是抽象或者具体的事物的合集，而是一个人类的认知过程，认知也是一个文化的过程。

该书一开始就用一个军舰进港时遇到危机并得以及时解决的例子对分布式认知作了初步的描述：

　　　　方位记录员刚刚发出"在测标38停止"的命令，回声测深仪操作员也报告了船下水深，此刻，对讲机里爆发出值班轮机员的声音："桥楼，主控制。我没看到蒸汽压力，没有明显的原因，我正在关闭节流阀。"指挥官迅速拿起对讲机答复道："是的，关闭节流阀。"导航员走到船长的椅子旁，重复道："船长，引擎正在失去压力，锅炉没有明显迹象。"可能指挥官意识到压力的失去会影响舰船的驾驶，他命令把船舵指向舰船中部。此时舵手正在旋转罗盘使方向舵角指示器转向中心线，他回答指挥官道："方向舵在舰船中部，长官。"船长开始讲话，"注意，"但是由于轮机员背靠着对讲机，这时在他的声音中混杂着警报的声音，所以船长说得很快，几乎是在叫嚷："桥楼，主控室，我现在将关闭二号锅炉。建议抛锚。"因为对讲机的噪声，船长在讲话中间停顿了一下，但是在轮机员重复完他的话之前，他以高声而冷静的语气说："通报水手长。"在大型轮船的标准程序中，船上必须备有一个准备下抛的锚，以防舰船在狭窄的水道中失去机动能力。随着推进力的加强，站在船员旁边准备抛锚的水手长收到了准备行动的命令。船长的降调式命令包含着某种放弃或可能厌倦的意味，从而使其听起来完全是例行常规的。

事实上，该情况绝不是常规。偶然的爆裂声、嘀嘀咕咕的诅咒声、或者一件在寒春下午被汗水浸泡的衬衣都体现了真实的情况："Palau号并不完全被掌控着，这一进程甚至生命可能都处于危困之境。"

这一事件即将到来的后果如同可能的坟墓一般。虽然船员有正确的反应，但主蒸汽的丧失使舰船面临险境。没有蒸汽，就不能倒转推进器——这是使大船减速的唯一有效的方式。尽管海水和船体的摩擦力最终也会减缓船速，但在停止之前，Palau号还将滑行几英里。轮机员提出抛锚的建议并不合适。因为舰船仍在以高速航行，唯一可行的选择是努力把舰船保持在海峡和海岸间的深水区，直到船速明显减缓再安全抛锚。

在通报蒸汽压丧失的40秒内，蒸汽鼓的声音渐渐消失。所有蒸汽涡轮机组的机器都停止了运转，包括提供舰船电力的涡轮发生器。全船的电能都丧失了，没有紧急备电的所有电力设备也停止了运行。导航桥楼的高音警报回响了几秒钟，发出某个设备欠电压的信号。随即导航桥楼陷入一片可怕的寂静，雷达的电动机和其他装置也停止了旋转。就在驾驶桥楼之外，左翼罗盘操作员注视着猛烈摇动的回转罗盘卡片，并把它拨回初始航向。他对站在海图桌旁的方位记录员说：

"约翰，这个回转仪已经转疯了。"方位记录员承认了这一点，并告诉罗盘操作员前进出了问题："是啊，我知道，我知道，我们遇到点麻烦。"

由于主要的掌舵齿轮由电动机发动，舰船现在不仅没有办法阻止它仍然以相当快的速度向前航行，也没有办法迅速改变方向舵的角度。方向舵确实会配备一个后备的手动操纵系统，位于轮船尾部称为后舵的隔间里：是一个由二人操作的脚踏曲柄涡轮装置。但是，即使由强壮的男性来费力地操作，也只能非常缓慢地改变又大又重的方向舵的角度。

能量丧失不久，船长对船上最有经验的导航员说："好吧，加图尔，我需要你来掌舵。"导航员答复道："是，长官。"他离开船长身边，宣布："导航桥楼注意，我是导航员，由我掌舵。"作为回答，值班军需官表示承认（"是，军需官"），舵手报告道："长官，我的方向舵指向船中部。"导航员站在船头观察了一番，试图探测出任何旋回运动。他回答舵手："很好，方向舵向右5度。"在舵手回应前，导航员又增加了命令的角度："方向舵向右10度。"（舵位上的舵角指示器有两个部分：一个显示命令的舵角，另一个显示实际的舵角）。舵手转动轮盘，使舵角的指示器移到向右10度，但是实际舵角的指示器似乎根本未动。"长官，没有角度"，他报告道。

与此同时，站在曲柄上操作的船员正在尽力使方向舵指向所要求的角度。指挥官没有直接控制舵轮，他接到了舵手的报告并试图通过桥楼上的话务员和后舵的船员取得联系："很好，后舵，桥楼。"导航员随后转向舵手并说道："让我看看你是否转回来了？"话音未落，舵手答复道："我把它转回来了，长官。"当导航员接到报告时，舰船正驶在海峡的右侧，但是离需要的左侧航程还遥有距离。"很好，把舵角增加到右侧15度。""是的，长官，舵角现在是右侧15度。没有新的航线确定。"导航员点头说道："很好。"然后，他环顾船头，低声说道："快啊，糟糕，转啊！"正在此时，右舷罗盘操作员在电话回路里说道："约翰，看上去我们要撞上这儿的浮标了。"一直在关注海图的方位记录员没有听清楚。"重复一遍。"他要求道。右舷船翼罗盘操作员从平台的栏杆处弯下身子，来观察下面经过的浮标。浮标在船侧快速地移动着，离船体只有几英尺的距离。看到 Palau 号并不会撞上它，右舷船翼罗盘操作员说了声"没事"就结束了通话。而舰船里面的人永远都不会知道他们曾经有多么接近那个浮标。接下来几个舵令的回答都是"长官，没有舵角"。当船长问导航员情况进展如何时，出于他们曾经有作为直升机飞行员的共同背景，导航员妙答道："这是我第一次在螺旋桨停转的情况下驾船，船长。"（螺旋桨停转指的是飞机在引擎熄火的情况下飞行）。驾驶舰船需要对角度转率有很好的判断。即使舵轮反应迅速，也仍然在从舵令下达到舵角改变、并检测到船头相对远处物体的移动之间有相当大的迟延。在操作该手动系统的过程中，导航员并不会随时知道实际的舵角，也不清楚命令需要多长时间才能产生效果。因为舵角的反应时间是如此缓慢，导航员下达了转向比以往更大角度的命令，这使 Palau 号不规律的从海峡的一侧到另一侧摇摆着前行。

在三分钟之内，后备柴油发电机产生了电流，恢复了全船重要系统的电力。舵角的控制也部分地恢复了，但仍然在剩下的四分钟里工作得断断续续。尽管速度仍不能控制，但至少舰船可以保持在有疏浚功能的狭窄海峡间。在危机后开始减速的 15 分钟内，可以估计出 Pa-lau 号何时何地将足够缓慢行驶然后抛锚。于是导航员驾船驶向选定的地点。①

上述对一个真实情景的描述直观地反映了包含着工具、个人、环境各个要素的一个认知系统为处理一个突发事件，诸要素之间的复杂关系和交互作用及协作行动的整个现场过程，突出在以整个认知任务的完成作为认知目标的前提下，认知活动展开的机制和过程，并由此引出作用在不同的层级上的分布式认知这一视角，同时也体现了认知人类学考察方式的精细与描述方式的平实的特点。

哈钦斯对上述案例评价道，Palau 号的安全抵达与落锚在很大一部分上要归功于船员杰出的驾驶技术，特别是导航员。但是没有一个人是单独行动的，无论船长、导航员或者管理海军队伍的军需官，都不能使轮船处于控制之中并让它安全停泊。这一任务需要各种各样的意见，有些是相似的，有些是并列的，有些存在于个人的头脑中，有些明确的存在于参与者

---

① Hutchins, E., *Cognition in the Wild*, The MIT Press, 1995, p. 1.

的头脑之外。该书描述了上述事件及这种类型的制度。它和人类的认知有
关——特别是这种人类在自然环境中的认知，在自然环境中个体所遇到的
问题和解决办法都是由文化构造的，而且没有人能独立作出对社会有用的
成果。①

　　总体而言，这项工作检查了在两个完全不同的文化传统的导航实践的
历史②，哈钦斯用详尽的细节而非抽象概念来论证物理和符号的工具，社
会交往，文化实践。这些都可见的事发生在物质生活世界中，是荒野中的
认知的真实发生，而非个体头脑中的抽象操作。③ 因此，这项人类学的工
作不仅仅是理论本身，还通过一个新的军舰导航的新的世界情境来作为论
证的平台，并用认知科学神经网络这一新的分析工具来理解群体信息过程
（Miriam Solomon）。④ 分布式认知坚持对精神的表征和计算，并寻求使像
人类这样的生物与技术、媒介和其他代理耦合的方式的普遍性和基本模
式。这条进路将普遍的交流活动和智能行为视为极为依赖环境的（strong-
ly context – dependent）以及源于行动的（action – oriented），大脑是被历
史因素所渗透的（brains as permeated by history）。⑤

　　综合来看，哈钦斯的工作建立在极为详尽深入的人类学研究田野调查
方法的基础上，从一定程度上来说，这也是他的研究得到了广泛关注与支
持的原因之一。从方法上看，这项研究的特点在于通过人类学的研究来寻
找认知科学的新视角，并走出了传统的相信实验室实验、精神状态、内部
表征的认知主义，而将认知科学置于荒野之中，通过一个有组织的工作集
体来表征真实的认知任务。在对传统认知主义进行批判的同时，用一个分
布式的框架重新构建了认知过程得以实现的可能性。因此这项工作从系统
论的视角出发，在脱离了心灵的束缚之后，可以比延伸心灵的主张走得

────────────────────

① Hutchins, E., *Cognition in the Wild*, The MIT Press, 1995, p. 6.

② Hollan, Hutchins, Kirsh, "Distributed Cognition: Toward a New Foundation for Human –
Computer Interaction Research", *ACM Transactions on Computer – Human Interaction* (*TOCHI*) ar-
chive, 2000, 7 (2), pp. 174 – 196.

③ Charles Bazerman, "Review symposium", Cambridge, MA: The MIT Press, *Mind, Cul-
ture, and Activity*, 1996, 3 (1): pp. 51 – 64.

④ Miriam Solomon, "Reviewed Work (s): Cognition in the Wild by Edwin Hutchins", *Phi-
losophy of Science*, 1997, 64 (1), pp. 181 – 182.

⑤ John Sutton, "Representation, levels, and context in integrational linguistics and distributed
cognition", *language science*, 2004, 26, pp. 503 – 524.

更远。

　　从学科上看，这项研究体现了认知科学的丰富性和跨学科性，既是关于军舰导航的民族志研究，又在这个基础上做出了对认知科学的研究领域的拓展。因此 Button 认为这本著作相当于两本书，他甚至将哈钦斯戏称为一个认知科学的帝国主义者，因为他致力于将认知科学开拓到社会的情境中。① Latour 认为这是一个对两种认知科学的不错的隐喻。② Wilson 称哈钦斯为认知人类学作出了重大的贡献。③ 克拉克则赞誉该书将确定无疑的成为一个令人惊叹的新领域中的经典之作。④

　　然而，依托于认知人类学和民族志研究上的分布式认知研究，在执著于考察导航活动认知细节的同时却在理论概括上略有欠缺。Marek 对此评论道："遗憾的是，作者并没有展开理论的航行。"⑤

　　本书将在第四章从表征与计算、联结网络、认知工具、认知与文化等层面来介绍和论证分布式认知的核心观点。首先我们需要先回顾一下该思想的相关学科背景和理论来源。

第三节　走在边缘的认知人类学

　　人类学（Anthropology）是从生物和文化的角度对人类进行全面研究的学科群。其英文词汇由 anthropos 和 logos 组成，从字面上理解，就是有关人类的知识学问。从大类上看，人类学一般被分为体质人类学和文化人类学。⑥ 体质人类学从对人类身体素质的演化而来，起初集中研究化石证

---

① Graham Button, "Book Review: Cognition In The Wild, Edwin Hutchins", MIT Press, Cambridge, MA and London, *Computer Supported Cooperative Work: The Journal of Collaborative Computing*, 1997, 6, pp. 391 – 395.

② Latour., "A Review of Ed Hutchins 'Cognition in the wild'", *Mind, Culture, and Activity*, 1996, 3 (1), pp. 54 – 63.

③ Rob Wilson, "Reviewed Work (s): Cognition in the Wild by Edwin Hutchins", Existential Cognition: Computational Minds in the World by Ron McClamrock., *Mind*, *New Series*, 1998, 107 (426), pp. 486 – 492.

④ Clark, Andy, "Book Reviews, Cognition in the wild", *Philosophical Psychology*, 1996, 9 (3), p. 393.

⑤ Marek. Randell, Stephan. Lewandowsky, "Book Review: Cognition in the Wild", *Applied Cognitive Psychology*, 1999, 10 (5), pp. 456 – 457.

⑥ 王铭铭：《西方人类学名著提要》，江西人民出版社 2006 年版。

据和种族差异，后来随着生物学的转化开始融合基因研究。文化人类学通过研究人类各民族创造的文化来揭示人类文化的本质，又可细分为考古人类学、语言人类学和狭义上的文化人类学，也称为民族学或者社会文化人类学。人类学是认知研究的真正发源地之一。

现代认知研究起源于美国人类学创始人博厄斯（Franz Boas），1881年，他通过对巴芬兰德爱斯基摩人关于冰和水的色彩感知的研究发现，爱斯基摩人受生活环境的影响，对冰和水的颜色命名十分丰富，因此，思维、语言和环境之间存在复杂的联系，文化与环境相互作用，不同的民族对于他们周围的世界有着不同的理解。

在 20 世纪 50 年代认知革命的前期，认知人类学作为语言人类学和文化人类学的混合学科而出现，运用认知科学的理论与方法，研究语义学、知识结构，以及与文化有关的认知模式和认知系统。其进程大致分为三个发展阶段：20 世纪 50 年代"民族科学"的早期形式化阶段；六七十年代研究民俗模式的普遍认同的中期阶段；80 年代开始的文化先验图式研究和一致性理论的发展。① 20 世纪中后期以来，认知人类学与语言学、心理学和认知科学等参与对文化模式进行描述和解释的学科交织在一起，趋向于关注人类心智及认知过程的分析。②

在 20 世纪 50 年代，认知人类学研究的是"人类文化与人类思维的关系"③，后来与语言学相结合，研究土著民族的语言与感知，强调语言对思维的影响。例如，人类学家沃尔夫（B. Wolf）在对亚利桑那州的霍皮人（Hopi）语言的研究中，发现霍皮语的语法结构与印欧语系有很大差别，没有关于时态的表示方法，因此，他们关于时间的概念是不同的，而且霍皮人对世界的看法也与欧洲人不同。随着研究的深入，文化范式对思维形式的影响的决定性意义被逐渐揭示。

在 20 世纪六七十年代，认知人类学探索了各种知识的组织和模式，与认知人类学相关的民族志理论关注的是意义系统，特别是词汇的意义，

---

① 张小军：《认知人类学浅谈》，《光明日报》2006 年 11 月 17 日。

② 王丽慧、张君：《从语言到心智：认知人类学的理论进展》，《自然辩证法通讯》2008 年第 4 期。

③ D'Andrade, Roy G., *The Development of Cognitive Anthropology*, Cambridge：Cambridge University Press, 1995, p. 1.

这些意义是在个体心智的基础上来展开分析的①，并将意义置于商谈或者沉默等社会实践中。这个时期的研究保留了对个体心智的兴趣，但是在行动的建构和意义上增加了对物质环境和社会的关注。由于系统的认知属性大于其中活动的个体的认知能力之和，认知民族志研究就必须以问题作为中心。人类学家感兴趣的不仅是人们知道什么，更多的是人们如何利用所知道的知识来开展活动。这样就不同于早期民族志只关注个人知识并在很大程度上忽视行动的研究视角。同时，在 20 世纪 70 年代中期，认知人类学也从语言学和心理学汲取了重要的方法及观点，科比（B. Colby）指出，热情的认知人类学家通过认知科学获得了各种各样的技术。从计算机科学学会了知识系统、文本理解系统以及平行分布式程序；从认知心理学学会了文本分析和叙述结构；从哲学学会了符号逻辑；从统计学学会了多维空间换算和聚类技术。②

20 世纪 80 年代以来，认知人类学和认知科学的关系出现了一些反复。在认知科学协会（Cognitive Science Society）于 1979 年成立的时候，丹德雷德（D'Andrade，1981）曾经提出一个简单的学科分工：心理学研究人们如何思考，认知人类学研究人们思考什么。③ 因此，认知人类学和认知心理学的区别在于，认知人类学更为关注的是内容而非过程，是共同体而非个体，是自然设备和社会情境而非实验室来捕捉真实世界的现象。但是人类学和其他认知科学所研究的内容和过程的分工，却成为一个将人类学孤立起来的障碍。认知心理学致力于研究高度人工化的实验室情境，这与真实情境和真实世界并不相关，从而忽略了人类学。同时，认知心理学也认为人类学缺乏严格的实证，在没有数据支撑的情况下，研究很难与讲故事区分开来。

这样，认知人类学一方面和认知心理学在研究对象和研究方法上存有差异，另一方面和认知科学的其他几个核心学科（如神经科学）相比，也被归为较为边缘的学科。但是，近十余年来，随着对荒野认知的分布式理解的提出，这种分离在认知走向系统研究的新进路中被逐渐融合了，认

---

① Hutchins, E., *Culture and Inference*, Cambridge：Harvard University Press，MA，1980.

② 黄锦章：《语言研究和认知人类学——世纪之交的认知科学》（一），《上海财经大学学报》2002 年第 4 期。

③ D'Andrade, R. G.，"The cultural part of cognition"，*Cognitive Science*，1981，5，pp. 179 – 195.

知人类学开始被认知科学所重视。

认知人类学独特的兴趣在于，将个人和认知放到情境中来作为分析层面，而不是关注单独的、与情境无涉的心智。而且，认知人类学还试图分析和调查一些依赖于知识的实践领域，并认为数据调查的环境也是社会化的和依赖于情境的。一个值得注意的成就是，用来分析表征和知识表征的形式化和计算理论的发展。当传统的符号表征的僵化成为一个负担时，认知人类学借用了联结主义的语言来描述有延展性的文化知识。[①] 这也包括了人类学和心理学的合作，例如文化的共识建模 (cultural consensus modeling)[②]，共识理论（Consensus theory）提供了一个计算的逻辑依据，用来强调诸如需要多少民族志样本才能确定某一个特定的观点是文化的表征，或者如何决定在一个给定的案例中何时会有一个或者更多连贯的子群体这样的问题。其他人类学家致力于将文化过程作为交互作用的代理系统所涌现出的属性并为之建模。这样，有许多重要的经验成果来自相关领域的人类学，例如民族志提出，关于知觉、分类和生物类型命名有普遍的原则。[③] 也有研究认为，大脑的基本结构受到了整个生命的经验组织的影响。[④]

还有一系列的实验观察也产生了视角的转换。一个是语言影响思维这一研究的复兴，另一个是关于东方的集体主义和西方的个体主义的大量研究。这些都很好地证明了文化差异的范围从基本的知觉过程扩大到分类、推理和归因过程。这两条线的工作很方便地为认知人类学和认知科学搭建起了桥梁，因为语言和个人主义看上去是准独立的变量，可以被操纵。而事实上，现在有越来越多的研究都是关于个人主义和集体主义，以及二元

---

① Strauss, C., & Quinn, N., *A Cognitive Theory of Cultural Meaning*, Cambridge：Cambridge University Press, 1997, p. 10.

② A. Kimball Romney, Susan C. Weller and William H. Batchelder, "Culture as Consensus：A Theory of Culture and Informant Accuracy", *American Anthropologist*, 1986, 88 (2), pp. 313 – 338.

③ Berlin, B., Breedlove, D. E., & Raven, P. H., "General principles of classification and nomenclature in folk biology", *American Anthropologist*, 1973, 75, pp. 214 – 242.

④ Quartz, S., & Sejnowski, T., *Liars, lovers, and heroes：What the new brain science reveals about how we become who we are*, New York：William Morrow, 2002.

文化和语言的认知表现。①

特别的，分布式认知也为认知科学提供了一个特殊的方法，即认知民族志，其益处在于对人类认知系统的功能说明的改良。心智是用于什么的？我们如何确定我们关于任务的认知属性的直觉是正确的？② 认知民族志并不仅仅是一种单一的数据收集或者分析技术，它包括许多专业的技术，如访谈法、调查、参与式观察、视频和音频的记录等。哈钦斯使用这些方法研究了相同航程的导航过程，包括低技术传统与高技术的现代文化。但是这里的田野调查的主要优点之一是哈钦斯所关注的任务有丰富的数学、形式推理和计量传统，这与其他人类学家所感兴趣的"平凡推理"（mundane reasoning）不同。采用哪种调查技术取决于调查问题的属性。由于理论中事件与活动的显著性，人类学家格外重视视频和音频记录，以及对记录材料的分析。在分布式认知看来，认知活动是由内外部来源共同建构的，行动的意义也产生于活动的情境中。这就意味着，为了理解情境化的人类认知，只知道心智如何处理信息还远远不够，还需要知道信息是如何被物质和社会的世界所处理的。因此，认知人类学在认知科学群里，不仅仅是学科本身得到了更多的关注，而且在认知科学的内部，心灵哲学、人工智能等学科，都因为对分布式认知观点的采纳和实践而有了彼此更为紧密的关联。甚至可以说，认知人类学在近年来的从边缘走向兴起是以分布式认知的提出为标志的。

第四节　分布式认知的历史来源

分布式认知这一概念的来源有长久的历史，早在一个多世纪之前，杜威（Dewey，1884）就曾说过：环境的概念对于组织来说是非常必要的，随着环境这一概念的出现，将精神生活视为个体的、在真空中发展的独立事物是不可能的。这种导向性的研究将个体与环境、社会、文化及物质视为一个整合的单元。个体的活动被视为是在整个组织—环境情境下的过程。从认知科学的范式转换的历史上看，计算主义、联结主义

① Brewer, M., & Gardner, W., "Who is this 'we'? Levels of collective identity and self representation", *Journal of Personality and Social Psychology*, 1996, 71, pp. 83 - 93.

② Hutchins, E., *Cognition in the Wild*, The MIT Press, 1995, p. 371.

和动力主义也都在一定程度上对分布式认知产生了影响，并至今仍有复杂的关联。萨拉蒙（Salamon，1993）认为，粗略地看，至少有三个方面导致了对分布式认知的研究兴趣的高涨：第一个来源是出于电脑在处理智能任务时角色重要性的增长。我们可以直接看到个体与电脑之间的协作行为是一种高级智能支持，而不能轻易地被解释为个体的单独认知。第二个来源是对维果斯基的文化—历史理论的增长的兴趣。该理论将个体认知置于交互作用与行动的社会文化情境中。第三个来源是对将认知视为头脑的工具而忽视其依赖情境以及由此而潜在分布的特性的批评（Lave & Wenger，1991）。[①]

总的来说，我们认为分布式认知这一概念最主要的影响是维果斯基和鲁利亚等人提出的文化历史进路和通过模拟大脑结构来进行心智模拟的联结主义，特别是其中的平行分布式模型（PDP）。

一　文化历史视角

随着人类认知的建构主义观点的逐渐被接受，人们也开始更为严肃地审视"认知是情境和分布的、而非与背景无关的工具和思维的产物"这一观点的可能性。不仅是社会和其他情境因素对认知有影响，而且那些社会过程本身也应该被视为是认知的。[②] 由个体及其最接近的文化环境的关联所组成的人类系统是关于人类活动研究的一个自然的分析单元。科尔（1993）则追溯到维果斯基（Vygotsky），列昂杰夫和鲁利亚（Luria）等人的贡献。他们总结了关于人类活动的文化—历史观点。[③]

维果斯基等人最早确认了社会文化因素在人的心理发展中的基础作用。在他们看来，人类特有的心理过程结构最初是在人们的外部活动、协

---

① Lave, J. & Wenger, E., *Situated Learning: Legitimate Peripheral Participation*, Cambridge University Press, Cambridge, UK. 1991. p. 15.

② Resnick, L. B., "Shared cognition: Thinking as social practice", In L. Resnick, J. Levine, & S. Behrend (Eds.), *Socially shared cognitions*, Hillsdale, NJ: Erlbaum, 1991, pp. 1 - 9.

③ Greenberg, D., & Dickelman, J., "Distributed Cognition: A Foundation for Performance Support", *Performance Improvement*, 2000, 7, pp. 18 - 24.

同活动中形成的，然后才能成为人的内部心理过程的结构①，高级心理功能如言语思维，逻辑记忆和注意等，起源于社会文化历史的发展，并受社会规律的制约。这被称为高级心理功能的社会起源说。心理过程是植根于社会文化场景之中的，理解和改变外部和内部心理过程的关键应当是对这些过程在其中发生的文化、历史和制度场景进行分析。"高级心理机能是不断内化的结果"②，是一个外部符号内在化（internalization of external symbols）的过程。

比如，儿童的发展是如何被文化和个人之间的交流所引导的？高级精神功能是如何在特定的文化群体中历史地发展起来的？维果斯基分析了个体在儿童时期与重要人物、特别是父母的社会交往。例如一个生日蛋糕的意义不仅仅在于可口的味道，而是在于蛋糕独特的意义。这是一个标志，意味着这是独特的一天，过生日的孩子将成为关注的中心并将长大一岁。这样，生日蛋糕的真实影响并不在于其物理属性，而是来自孩子所成长的文化之中。人类的低级精神功能和动物类似，是与生物过程联系在一起的。但是，儿童行为的历史表明，发展高级心理功能的历史中没有他们的前历史、生物性基础和有机体天性的参与是不可能的。从单个儿童发展的视角来看，高级心理线索的发展是由文化中工具和符号的发展而指引的。生日蛋糕是一种食物，但也是一个有更广泛意义的标志。这个标记调节了当前的感官输入和儿童的反应，在某种程度上可以作为工具来影响或者改变我们的物理或者社会环境，用来确立儿童已经长大了一岁并在社会中有了新的角色。

再比如，婴儿指向一个想要的东西。一开始她可能仅仅试图够到那个东西，但是母亲为她将那个东西递过来的反应让婴儿意识到，指向这个行动是一种根据她的需要来改变环境的工具。从这种简单的主体间的交往中，儿童关于世界的意义便由工具、标志和语言发展调解起来了。

因此维果斯基提出的一个基本的前提是，工具和标志首先和主要

①　郑发祥、叶浩生：《文化与心理——研究维果茨基文化历史理论的现代意义》，《心理学探新》2004 年第 1 期。

②　余震球译：《维果斯基教育论著选》，人民教育出版社 1994 年版。转引自段鑫星、段爱爱《皮亚杰与维果斯基心理学比较研究初探》，《中国矿业大学学报》（社会科学版）2001 年第 12 期。

在社会中的个体之间共享，而且只有这样，它们才能通过个体在社会中的发展来被内在化。儿童文化发展的每个功能都出现了两次：在社会的层面上和在个体的层面上。首先是在人们之间（心理之间的 interpsychological），然后在儿童内部（心理之内的 intrapsychological）。这同样可以应用于自动注意（voluntary attention），逻辑记忆以及概念的构成上。所有的高级功能都源于个体之间的实际的联系。[1]

通过相互作用，儿童开始学习讲话模式等符号性的知识，并理解用以影响知识的建构的意义。维果斯基心理学的关键前提就是指文化中介（cultural mediation），儿童通过这些交互作用所获得的专门知识也表征了文化里共享的知识。这个过程也被称为内在化（internalization）。内在化从某个方面来看可以被理解为"知道为什么（knowing how）"。例如，骑自行车或者向杯子里倒牛奶就是一种社会工具，起初是外在于儿童的。对这些技能的掌握通过儿童在社会中的行动里发生。内在化更进一步的方面是儿童使用工具并将其个人化，也就是说可能以一种自己独一无二的方式来使用。对一支铅笔的内在化的使用允许儿童以自己的方式来进行，而不用完全模仿其他人。

在这个过程中，符号是高级心理功能的基础和中介，人们借助符号来发生和改变心理活动。维果斯基说："心理发展是个体的心理在环境与教育的影响下，在低级心理机能的影响下，逐渐向高级机能的转化过程，心理活动的随意机能、抽象概括机能、心理结构间接以符号或词为中介以及心理活动的个性化，是心理机能发展的标志。"

例如，鲁利亚解释了关于"人与动物的区别在于使用工具"的观点："工具所改变的并不仅仅是人类的生存条件，它们甚至还以对人类施加影响的方式再作用于人。"[2] 使用工具的人从而创造出心理活动的、新的、中介的形式。……人的社会中介的经验，他的对象活动，都是其意识活动的高级机能系统产生和发展的基础。"除了直接将其自然功能应用于特定任务的解决之外，儿童在功能和任务之间还放置了一些特定的辅助方式作

---

① Vygotsky, L.S., *Mind in society: the development of higher psychological processes.* Cambridge, MA: Harvard University Press, 1978, p.57.

② Luria, A.R., "The problem of the cultural development of the child", *Journal of Genetic Psychology*, 1928, 35, p.506.

为媒介，从而得以执行任务。"人类认知的基本结构由此源于工具媒介。

语言也是文化中介过程中的一个整合部分，是"工具的工具（tool of tools）"。工具中介有一个双边的观点。正如维果斯基所指出的那样，我们习惯所称的工具和符号实际上是同一个现象的两面：通过工具表示的中介侧重的是外部导向，而通过符号所表示的中介则侧重内部导向来指向自身。但是这两个方面都来自文化人工物。而且不仅仅是当前的人们，以前的一代代人都对人类认知能力的形成扮演了关键的角色。这一观点被维果斯基总结为"文化发展的基本规律"（general law of cultural development）。

鲁利亚和维果斯基开展过一个对患有帕金森式综合征患者的指导工作。该患者的情况严重到不能走过地板，但是矛盾的是，他可以爬楼梯。维果斯基和鲁利亚设想，当病人爬楼梯时，每一级台阶都表示着一种符号，这就需要病人以一种有意识的方式对此加以回应。因此维果斯基在地板上放置了一张张纸，要求病人踩在上面走过房间。结果是，先前还不能活动的病人在没有帮助的情况下走过了房间。这个研究表明，各种技术可以通过语言和人工符号来间接地调节人们的行为，并产生相同类型的矫正结果。鲁利亚（1979）认为："基本过程的自然科学解释以及复杂过程的心智描述的分歧并不能得到修补，直到我们可以发现自然过程的方式，比如身体的成熟以及传感机制可以与文化决定的过程交织在一起来产生成人心理功能。这样我们就需要走出机体来发现人类心理活动的特定结构。"[1]他的观点得到了同时代的神经科学家的推崇，认为对大脑某些部位的再认知要通过特别的事件，而这又关键取决于该事件的文化制度。听一首肖邦的协奏曲和观赏夏卡尔（Chagall）的画展会使大脑的活动经历完全不同的模式，而这与亲历一个宝宝的诞生又大相径庭。这种脑部的异质活动，部分是由事件的结构决定的，而同时又是由个体所参与的身体和象征的两方面决定的。

综上所述，科尔将人类活动基本结构的文化历史概念作了归纳：人类与祖先（prehuman cousins）共享的心理功能，也被称为自然功能，是随着与心理功能不同的原则而得到发展的，心理功能需要通过中介来实现，

---

① Luria, A. R., *The making of mind*. Cambridge, MA: Harvard University Press, 1979, p. 43.

例如工具和规则。文化中介创造出了物种与类型（species - species），人类心智的普遍结构，具有一种递归和双向的作用，中介活动同时修正了环境和主体。文化人工物既是物质的又是象征的，它们规定了个人本身与其环境的交互作用。幼儿出生的文化环境包含了前几代人累积的知识。通过这些客体对其行为的中介表征，人们从中受益的不仅是他们自身的经验，还包括他们的祖先所留下的东西。文化中介暗示的物种与类型的发展模型将会随着上一代累积到现在的成就而变化。从这个意义上说，文化就是历史在当下。文化中介暗示了在人类发展中社会世界的特殊的重要性，因为只有其他人才能创造出发展所需要的特殊的条件。研究人类行为的自然的分析单元是活动系统，它由个体之间历史性的关联和他们最接近的文化组织起来的环境构成。

此外，文化历史理论还揭示了认知随着时间而分布。认知横向分布于每个认知主体特有的时间维度上，纵向分布于特定认知主体的过去、现在和未来。例如，成人常常根据他们自己过去的或文化上的经验来解释儿童的一些行为。麦克法兰（Macfarlane，1977）① 曾经描述过一些当父母的人第一次看到新生儿及其性别时的反应。典型的评价包括 "她 18 岁的时候我们会很发愁的"，"她不能玩橄榄球了"。父母通过他们已有的文化的经验解释了新生儿的性别特征，用这种过去的文化经验来假设世界将会如同如何待他们自己一样对待他们的孩子。

人类的本性是社会的，这与其他物种的社会性不同，只有使用文化（culture - using）的人类才可以达及文化的过去，并根据过去规划未来，并把纯粹概念的未来以信念的形式运用到现在，从而限制和组织当前的社会文化环境。文化的未来更像是文化的过去，文化中介的经验为人们提供了人类精神生活必不可少的持续的基础。在对文化作用的强调上，文化历史心理学和人类学的关注不谋而合。这是分布式认知的最初的重要来源。

二　联结主义

联结主义是 20 世纪 80 年代后期在认知科学中的一场运动，同时也是人工智能、认知心理学、神经科学和心智哲学领域内的新进路。联结主义

---

① Macfarlane, A., *The Psychology of Childbirth*, Cambridge, MA: Harvard University Press, 1977, p. 61、p. 64.

试图通过人工神经网络来解释人类智能，人工神经网络是一个大脑结构的简化模型，它包含了大量的神经元单元及其联结结构，用于模拟认知方式。也就是说，它把认知方式类比于大脑神经系统的结构，将认知活动视为类似大脑工作的网络般的整体活动。

联结主义有许多形式，其中最常见的形式是使用神经网络模型。在神经网络中，单元用来表示神经元，它们之间的联结代表着突触（synapse）。神经网络模型本身也有多种，一般遵循两条关于心智的基本规则：（1）任何一个精神状态（mental state）都可以被描述为一个关于网络中神经元单元的活性数值的 n 维矢量。（2）记忆通过修正神经元单元的连接强度而产生，连接强度通常会表示为一个 n×n 维度的矩阵。

神经网络模型的变化的决定要素包括：解释单元（Interpretation of units），是指单元可以被解释为神经元或者神经元集合；活化界定（Definition of activation），是指活化可以被许多方式所界定；学习运算法则（learning algorithm），不同的网络以不同的方式来修正它们的联结，一般来看，由数学上所界定的联结强度随时间的变化就是指学习运算法则。

由此可见，联结主义的核心就是网络结构，同时，采纳分布表征和平行加工理论，强调神经处理的平行特性以及神经表征的分布特性，多个具有简单应激性的个体在相互交流信息的条件下协同工作，最后达到更高的智能。

联结主义在 20 世纪 80 年代就因平行分布式处理（PDP）而著称。[1]该模型研究了类似大脑神经结构的单片机网络，指出人们从事认知活动是通过创造和操纵外部表征来完成的。从心智的延伸到认知的分布，最终的整合成果就是将认知视为一个动态而流变的有机系统。尽管在该书中并没有使用"联结主义"一词，但它被视为对联结主义有巨大的影响甚至被等同于联结主义。

PDP 模型通用的数学框架包括如下方面：

- 一系列处理单元，通过一系列整数表示出来。
- 每个单元的活性通过依靠时间的矢量功能表示。
- 每个单元的输出功能通过活性的矢量功能表示。

---

[1] Rumelhart & J. L. McClelland（Eds.），*Parallel Distributed Processing*：*Explorations in the Microstructure of Cognition*. Cambridge，MA：MIT Press，1986.

● 单元的连通模式通过暗示了联结强度的真实数据矩阵表示。

● 传播规则通过连接扩散了活性，通过单元的输出功能表示。

● 用于集合的活性规则输入到某个单元中来决定新的活性，由当前的活性和传播功能表示。

● 用于修正联结的学习规则建立在经验上，由基于变量数据的负荷变化表示。

● 环境为系统提供经验，由一系列用于单元子集的活性矢量表示。

上述框架也是联结主义的基础。PDP 模型认为，所有认知处理可以通过神经触发和交流的参数而得到解释。而分布式认知的原型也正来自这种分布和交互作用的结构。

总体看来，这个理论为经典的心智理论提供了一个新的可能，也就是对符号表征主义将认知的原理视为表征和计算的一种挑战。它把精神或者行为的现象视为单个单元呈现出的交互联结网络的处理。而表征和计算则是传统认知主义的基本假设。

在 20 世纪 80 年代后期，网络取向的联结主义取代了符号取向的认知主义。Jerry Fodor 等人认为，联结主义是认知科学和心理学领域里的进步，但是对符号主义的经典进路却有破坏性的力量。与处理离散符号的计算系统不同，它使用新的计算方式和计算程序来模拟一组相互联结的神经元及其活动，企图建构一种所谓更“真实”的认知系统。[①] 而符号主义则认为心智功能的执行是通过纯粹的符号操作来完成的。这二者的区别如下：

● 符号主义假定的符号模型并不类似于基本的大脑结构，而联结主义所从事的“低层次（low level）”试图确认它们的模型类似于神经结构。

● 符号主义通常关注于清晰的符号（精神模型 mental model）结构和用于内部操作的句法规则，而联结主义关注的是从环境刺激中学习并且将这种信息以神经元连接的形式储存起来。

● 符号主义认为内部的精神活动是由清晰符号的操作所组成的，而联结主义则认为清晰符号的操作是一个关于精神活动的次级模型。

● 符号主义通常假定专门的符号次级系统的设计是用于支持认知专门领域的学习，如语言，意向性，数字，而联结主义者假定一个或一小部分

---

① 李其维：《“认知革命”与“第二代认知科学”刍议》，《心理学报》2008 年第 40 期。

的通用的学习机制。

除了这些区别之外，还有些观点认为联结主义的结构仅仅是一种在大脑中进行执行的符号操作系统，广为人知的是联结主义的模型可以执行使用计算模型的符号操作系统。描述心智活动的单元已不是离散符号，而是"亚符号"的数值变量，它们表示网络各单元之间的相互作用的加权参数值。但计算和表征仍是它们的共同特征，形式化也是它们的共同追求，不同的只是所使用的计算语言和运行的层次有所不同：传统认知主义是数理逻辑和符号层次，联结主义是微分方程和亚符号层次。①

然而，无论如何，联结主义和符号主义在计算和表征的层面并没有根本的分歧，相反，这正是它们一致性的体现，明斯基（M. Minsky）也曾承认这一点，"认知和智能活动不是由建基在公理上的数学运算所能同一描述的。无论是符号主义还是联结主义都受害于唯物理主义倾向，都是用在物理学中获得成功的方法来解释智力"②。

但是争论在于这个符号操作的是否构成了认知的基础。大部分争论的核心都是关于联结主义网络是否能够产生句法结构的逻辑辩护。神经生理学和神经网络的进步已经为这类早期的问题成功地建模。关于基本认知的争论也在很大程度上被支持联结主义的神经科学家所决定。总的来说，在20世纪80年代后期和90年代早期，这两条进路的争论导致了一些对立。尽管争论并没有达成完全的一致，还是有研究者认为联结主义和符号主义是完全可以并存的。在一个分布式认知的系统中，认知活动的展开不是完全耦合或者动力的，计算和联结的色彩并没有抹去。

不难看出，分布式认知理论和认知科学三大范式的核心主张都有不同程度的联系。从表面上看，符号主义所提出的符号表征；联结主义用神经网络结构来模拟认知活动及认知要素分布和关联；动力主义从耦合的观点出发，提出认知是通过各要素相互作用并以整体涌现的方式实现的在分布式认知中都有体现。但是，这些进路本身在符号表征和还原模拟上却又有根本的冲突。而分布式认知又是如何对此作出解释的呢？

---

① 李其维：《"认知革命"与"第二代认知科学"刍议》，《心理学报》2008年第40期。
② 同上。

第 五 章
分布式认知系统

首先可以确定的是，分布式认知关注的是认知过程①，因此它是一个动态的、联系的、以认知活动为中心的认知观点。其次重要的是，分布式认知采用了系统论的立场，将认知的各个要素放在均等的地位上来整体考察，这个认知系统中没有中心，其表现取决于认知系统的组织结构，而组织结构的关键部分则在于群体的"集合过程"②。一个集合过程就是一个多成员群体所使用的机制，用以重组群体中的个体成员所持的判断或者表征，使之成为一个集体所作出的统一的判断或表征。

在什么意义上，一个群体不是个人的集合，而是一个分布式认知系统呢？首先，这个群体需要一个清晰的边界。其次，这个群体可以产出认知的结果。当且仅当群体的集体行动有效地被整合在一起时，第一个条件即被满足。例如，一个科研团队，一个中央银行的专家委员会就具备这样的属性。当且仅当群体可以有效的生产出具有表征内容的输出时，第二个条件也被满足。这种输出可以被称为"集体判断"。如果一个群体的组织结构允许群体像集体判断一样作出某个确定的宣传，那么这个群体就具有了分布式认知系统的属性。

正如戈德曼（Goldman）所述，群体或集体组织经常会被视为作判断的主体，他以关于美国联邦调查局究竟是否在"9·11"袭击发生前就有

---

① Hutchins, E., & Hollan, J., "Cogsci: Distributed cognition syllabus", http://hci.ucsd.edu/131/syllabus/index.html.

② List, C., "Distributed cognition: a perspective from social choice theory", In: Albert, Max and Schmidtchen, Dieter and Voigt, Stefan, (eds.) *Scientific competition: theory and policy*, Conferences on New Political Economy (25). Mohr Siebeck, Tübingen, Germany, 2008, pp. 285 –308.

所知晓的争论为例①，在这些例子中，整合的有效层面可以用以描述群体的意向性的输出，即被称为"信念"、"判断"、"一致同意"、"知识"的那些东西。简而言之，分布式认知的关键条件就是具备某种组织结构，允许群体生产出集体判断，并具有表征内容。而建构一个分布式认知系统的模型则需要从表征与计算出发。

第一节　表征与计算

一　外部表征与心智表征

表征（Representation）问题是认知科学中一个核心的问题，赫尔伯特·西蒙（1981）在其产生重大影响的《人工科学》一书中提出："解决一个问题仅仅意味着要表征出这个问题，以使该问题的解决变得显而易见。"在心理学、计算机科学和语言学的领域中有各种意义上的表征。表征问题源自符号计算主义，却被动力主义所取消；它既涉及外部世界的表象，又包括外部世界在个体内部的心智表征。

在哲学中，康德把表征看作是认识过程中的一个必经环节，处在认识的初级层次上，是所有存在于人们头脑中的对象形式。在认知心理学中，人们的认识过程被区分为表征和计算两个主要的方面，根据这种区分，表征是认知的基本组成部分，处在被加工的位置上，是信息存在的具体方式②，是一种表达了外部实在的假想的内部认知符号，即信息或者知识在心理活动中的呈现方式。同时表征也是信息处理的对象，当有机体对外界信息进行输入、编码、转换、存储、提取时，所处理的信息是以表征的形式出现的。马尔（David Mar）将表征界定为"一个正式的系统，为了将某些实体或者各种类型的信息清晰地表达清楚，以及对这些系统如何这样做的详细说明。"因此表征通常被定义为一种经反映而被构造出来的、作为认知对象的替代物而存在的在思维中被加工的形式。③

在人工智能领域，表征进路所主导的人工智能的认知模型始于 20 世

---

① Goldman, Alvin, "Group Knowledge versus Group Rationality: Two Approaches to Social Epistemology", *Episteme: A Journal of Social Epistemology*, 2004, 1 (1), pp. 11 – 22.

② 刘西瑞：《表征的基础》，《厦门大学学报》（哲学社会科学版）2005 年第 5 期。

③ 同上。

纪 50 年代，智能行为的执行是通过对表征的处理而完成的。哲学和认知心理学中对表征的界定主要关注的是外部事物在个人心理活动中的呈现方式，而人工智能意义上的表征还包括外部事物本身的呈现方式。其中最典型的如温度计对气温的显示、仪表盘对速度的显示等，即所谓的外部表征。也就是说，内部表征是指发生在头脑中的呈现形式，比如建议、图式、精神图像、联结网络或者其他形式。外部表征则是指在外部世界中的，例如物理符号（如书写符号、算盘）或者外部的规则、约束或者物理构造中的关系（如书面数字的空间关系、图表的空间布局），等等。

人口智能的表征有五点假设：

第一，表征是持有信息的智能系统的中介状态。必须满足的是，首先有一个外在于表征系统的被表征的世界（a represented world）。其次有一个由一系列特征组成的表征的世界（a representing world），这是对被表征世界的形式反映。[①] 每个所表示出来的特征都是一个代表了被表征世界的特定属性的符号，在所有已知的表征系统中，表征的世界都会失去关于被表征的世界的某些特征。再次是表征的规则，表征的世界和被表征的世界通过一套规则相连，这套规则可以把被表征世界的要素投射到表征世界的要素上。最后还有应用表征的过程。前三个要素仅仅创造了表征的可能性。只有当还有一个应用表征的过程时，这个系统才会真正出现，有效性才会被界定。特殊的表征会使有些信息变得显而易见，而其他信息则难以抽象出来。

第二，认知系统需要一些持久的表征，也就是说，有些表征代表了系统的持续状态。特别是代理必须使用其经验来作为指导，因而具有比引起表征的被表征世界持续更久的内部状态。表征可以包括特定的特征而不用考虑这个属性当前是否还在环境中。

第三，认知系统包括一些符号，符号对于关系到被表征世界的特定属性是必要的，符号是信息的集合。

第四，表征要素以一系列不同层级的抽象方式存在。有些表征与特定的知觉系统联系在一起，直接对应着知觉经验的一些方面，而有些是非模块化解释性的，例如真理或者正义之类的抽象概念，这与知觉经验非常

---

① Palmer, S. E., " Fundamental aspects of cognitive representation ", In E. Rosen & B. B. Lloyd（Eds. ）, *Cognition and Categorization*. Hillsdale, NJ: Erlbaum, 1978, pp. 259 – 303.

不同。

第五，许多认知功能可以不考虑认知代理特定的传感器和效应系统而被模拟，即有些认知模型不需要关注知觉和动力表征。在这个观点看来，认知系统的某些表征不需要特定的身体代理，这类处理不需要通过考虑代理的知觉和反应系统就能得到理解。

二　表征是必要的吗

然而，新的动力主义的认知进路却质疑这种对认知模型的标准表征假设，并认为表征才是智能计算机和自动机器人尚未实现的根据。这其中主要的一个原因是，在上述表征的若干假设看来，表征的一个特性是持续性，即表征具有一定的时间跨度。但是，认知系统存在持续状态的假设受到了情境认知和动力系统的挑战，这些批评认为，并不是所有的表征都是持续的、符号的、非模块化的、并独立于代理的感知行动系统的。这里的质疑主要针对的是内部表征。

例如，情境认知通过仔细检查概念化表征中的知觉的角色，发现认知过程要与其发生的情境分离是很困难的，因此认知处理不能从其所发生的情境中抽离出来。① 这样，所有与思考情境有关的信息就可能不需要被表征，因为大量的信息已经存在于环境中。当认知是情境化的时候，外部世界的持续性可以避免将其大量的表征出来。其次，代理必须解决的问题可能会已经被环境所解决，而这是代理很难通过抽象的推理来预见的。

具身认知强调代理事实上和真实的环境发生着交互作用，认知不能忽视知觉和动力系统。② 从吉布森开始的研究论证了代理的视觉系统对环境提供与目标相关信息的方面是敏感的，许多物种都能利用视觉来发现方向和运动速度。而且，大脑前庭系统提供的信息可以用来增加认知地图建构中的视觉信息。例如一个能够区分大小圆筒的机器人，有简单的动力路线，可以沿着墙边行走并绕着物体循环。当机器人绕过一个小圆筒时，外部滚轮与内部滚轮的速度比会高于绕行一个大圆筒的速度比。③ 通过使用

---

① Pylyshyn, Z. W., "Situating vision in the world", *Trends in Cognition Science*, 2000, 4, pp. 197 – 207.

② B. Markman and Eric Dietrich, "Extending the classical view of representation", *Trends in Cognitive Sciences*, 2000, 12, pp. 470 – 475.

③ Pfeifer, R., and Scheier, C., *Understanding Intelligence*, MIT Press, 1999, p. 392.

提供滚轮速度信息的感知器，机器人可以不利用视觉系统就能执行某个分类任务。因此记忆研究应该关注器官记忆的功能。高级认知也可以成功地通过自下而上的方式来建模。

动力系统的观点进一步表明表征经历了与外部环境的变化相联系的持续变化。关于表征进路的假设之一是，表征是分离而持续的组成部分。而动力系统是非线性系统，不牵涉分离的符号。在动力系统中，当前状态包括一系列控制变量的数值。它们关系到控制变量数值的持续变化，以及这种变化持续的随时间变化。因此，动力系统假定表征对于被表征世界的信息是时间锁定的。当被表征世界的状态变化时，表征也变化了。例如，Kelso 研究了四肢的协调，人们可以很轻易地弯曲或者伸展每个手同步的手指而不用考虑移动的速度。相反，快速弯曲一只手的某个手指同时伸展另一个手的某个手指则很困难，而且最终会同时弯曲或者伸展同步的手指。[①] 这个移动就像许多更为复杂的动力协调一样应用了动力系统。因此系统的状态通过时间变化，而没有包含持续的表征，不接受分离的符号。出于动力系统对于理解认知代理之间所发生的交互作用的重要意义，本书将在下一小节讨论。

但是，也有许多认知处理确实需要分离的符号，构成知觉符号系统的认知就不赞成动力系统作为认知表征的独有的模式。知觉不是一个纯粹的自下而上的过程，没有复杂推理和知识发展是如何进行的模型，我们就不能理解知觉表征是如何被建构的。

综合来看，李恒威在符号主义和动力主义对表征的态度上作了一个调和，他反对动力主义中完全否定和反对表征的强耦合观点，正因为有了表征，人类发展了一个独立的内在的、想象的世界，而又因为耦合，内在世界的独立性始终是相对的，表征始终是不完全的。"我们没有完全的独立性，但我们有相对的独立性，我们没有完全的表征，但我们有不完全的表征。因此，符号表征对认知并不是充分的，但却是必要的，特别是对人类的高级认知活动而言；动力主义和符号主义不是根本对立的认知观。"[②]总而言之，关于表征的经典进路仍将会被拓展，而不是完全替代和否定。

---

① Kelso, J. A. S., "*Dynamic Patterns: The Self-Organization of Brain and Behavior*", MIT Press, 1995, p.49.

② 李恒威、黄华新：《表征与认知发展》，《中国社会科学》2006 年第 2 期。

三　分布式表征与计算

分布式表征的基本原则是，分布式认知任务的表征系统是一系列内部和外部的表征，它们共同将抽象的任务结构表示出来，是表征系统的两个部分。[①] 表征分析的基本策略是将等级任务（hierarchical task）的表征分解到其组成部分的层面上，这样可以来独立地检查每个层面的表征的属性。内部和外部信息的交织过程产生了人们的智能行为。传统关于认知的进路通常假设表征是特定的发生在头脑中的。外部客体如果与认知有什么关联的话，也只是外围的辅助手段。但是，分布式认知任务的信息分布于内部的心智和外部的环境，包括信息的分布表征，内外部表征的交互作用，以及外部表征的属性。

外部客体并不是认知的外围辅助手段，它们提供了表征的不同形式。通过将分布式认知任务的表征系统分解为内部和外部的表征，可以将外部表征的功能同内部表征区分开来。外部表征可以提供记忆的辅助以及能够直接被知觉和使用的信息，而不需要被清晰地解释和公式化。外部表征还可以确定和构造认知的行为并能改变任务的属性。因此，外部表征是任何分布式认知任务的表征系统中必不可少的部分。

从分布式认知的视角来看，导航活动中的表征无处不在，导航这种复杂的人类认知活动就是利用人工表征物来探寻社会结构和社会关系的过程，"人类通过创造得以实践认知能力的环境来创造认知能力"[②]。认知能力和认知环境之间不是彼此孤立的，而是在相互作用的过程中彼此塑造。哈钦斯沿用了第一代认知科学的基本主张，认为导航是一种计算过程，这个计算的观点包含了经典认知科学的明确的符号处理，即相信物理世界和认知过程是可以通过表征和计算来得到实现的。导航在如下意义上是一个计算过程："计算在广义上是指表征状态通过表征媒介的传播"。

在荒野认知的研究中，表征主要指代的是外部世界的某种特征、变化或结构所呈现出来的图式，比如轮船的方向由舵角显示，轮船在海上的位

---

① Zhang Jiajie, "Representations in Distributed Cognitive Tasks", *Cognitive Science*, 1994, 18, pp. 87 – 122.

② Hutchins, E., *Cognition in the Wild*, The MIT Press, 1995, p. ⅹⅳ.

置可以是海图上三条位置线的交点，也可以是一个具体的用经度和纬度表示的数字，等等。表征由大量的不同媒介所构成，用来确定地图上的轮船位置。

媒介（media）则是用以将表征展现出来的东西，如舵角、海图、电话、视频等，是环境提供的过渡和传播。具体而言，环境的某些特定部分会更好地参与协作。视频信号会比电话提供更多的信息和良好的协作相互作用。代理则面对着优先学习和使用更有效媒介的选择性压力，以使信息传播更为可靠和精确。而且，代理也会对媒介产生影响以使它们更好的适应目的。例如，当动物穿越不规则的地形时，前面代理的路径会吸引其他代理的行动，从而形成了一个代理们非直接交流的共享协作机制。海利恩用"集体精神地图"来描述这种机制，例如蚂蚁释放信息素指导其他成员去寻找不同的食物来源。① 人类也用纸张、电磁波、电子硬件来存储和转移信息。

传播（propagation）是指表征状态从一个媒介向另一个媒介的转移，每个通过不同媒介的传播都修正了所需技能的分布。"在产生量角器和海图的协调过程中，任务的执行者可以通过与内部人工物的协调，即关于这种技术的知识，来将任务转换得更容易。"② 这些工具允许人们使用它们来完成所需的任务。这样关于传播的概念就清楚了。传播不意味着无损耗的运输，而是技术的修正、转化、转移和重整。思考成为一种不断从一个媒介向另一个媒介转移的灵巧的方式，直到将任务指派给其他的行动者并完成目标。信息的传播不仅依靠网络的结构，还取决于信息的内容。信息可以有效传递的规范包括：效用、新颖、一致、简单、正式、可表达、权威性、一致性。③ 链条通过不断增长的信任得到了强化，从而在发送信息时具有某种权威性。当接收代理明白这一点时，传递的是否细致明晰就不那么重要了。而且，当放大的信号已经被许多不同的来源证实时，不一致或者复杂的信息会自动削弱。

---

① Heylighen, F., "Collective Intelligence and its Implementation on the Web: algorithms to develop a collective mental map", *Computational and Mathematical Theory of Organizations*, 1999, 3, pp. 253 – 280.

② Hutchins, E., *Cognition in the Wild*, The MIT Press, 1995, p. 144.

③ Heylighen, F., "Objective, subjective and intersubjective selectors of knowledge", *Evolution and Cognition*, 1997, 3, pp. 63 – 67.

　　计算和表征被视为执行舰船定位的必要步骤。舰船靠航时，循环定位执行了一种计算，由表征状态通过一系列表征媒介的传播来实现。导航系统获取了几个约束世界的一维变量，然后表征和再表征它们，直到其呈现在海图上。随着表征从照准仪的瞄准镜转移到海图，舰船位置的表征在不同的媒介中就表现为不同的形式。"计算"在更宽广的意义上被应用于涉及表征媒介的表征状态的传播。既是典型的计算（比如运算操作），也包括计算的其他现象范围。这样，外部媒介和社会组织更紧密地关联到了一起，并使组织功能对其更为依赖。作为结果的是，认知系统延伸到了物理环境中。

　　举例来说，哈钦斯考察了导航的各种装置并解释了它们是如何表征状态的。"导航的计算并不是柏拉图理想，它们是由人们操作真实的物理对象而发生的真实物理活动。"[1] 例如，确认轮船位置需要使用照准仪、望远镜和海图等工具来观察陆标。导航员用照准仪和望远镜测量和观察陆标的角度，从而确定轮船的行进方向。当对陆标位置的阅读被记录在海图上时，就包括了对轮船位置的表征。导航员利用从轮船两个相反方向得到的方位在海图上画出的线段的交点决定船位，海图则起到了标尺的作用。哈钦斯说："将导航系统作为认知和分析的单元，我们可以看到对照准仪的操作就像是情境观察通过一个硬件来执行。这是认知系统的一部分，它将内部结构（罗盘）和外部结构（陆标）置于一个共同的想象空间中，而且在这样做的过程中，为这些对象赋予超出它们本身特征的意义。"[2] 这些决策在很大程度上都是由海图而非仅仅由大脑决定的。在表征不同的陆标并决定使用哪一个陆标作为参考标志的过程中，人们的心智工作于可见的图表，从而延伸于个体之外。这样，"个体在这个背景下的基本角色是提供与外部结构共同作用而所需的内部结构"[3]。因此"认知不仅仅发生在头脑中，而是即时的与其环境发生交互作用"[4]。而且，这个关于认知是通过不同媒介的传播的界定的主要优势在于，它不但赋予了技术人工物内在化的任务一个原初性的角色，还对海军的社会结构和地方性的集体也

　　[1]　Heylighen, F., "Objective, subjective and intersubjective selectors of knowledge", *Evolution and Cognition*, 1997, 3, p.131.

　　[2]　Ibid., p.123.

　　[3]　Hutchins, E., *Cognition in the Wild*, The MIT Press, 1995, p.131.

　　[4]　Ibid., p.132.

赋予了这样的角色。

但是哈钦斯并不认为表征是普遍存在的，他关于导航活动的分析说明，导航小组有许多特殊的工具，这些工具将导航转化成一个通过在海图上标出相对位置来决定轮船定位的任务。由于认知代理嵌入在环境中，他们不需要在任何时候都形成一个完整的关于世界的表征。相反，他们可以认为世界是相对静止的。这样，只需要认知系统中更少的有持续性的表征。任务环境决定了代理实际上必须要解决的问题。抽象的投射时看上去困难的问题，在嵌入到实际情境中会容易许多。

另一个关于飞机航行速度的研究也表明了心智表征在有些情况下不是必需的，认知可以直接通过感知来作出行动。一个飞机机舱如何记住它的速度呢？这项研究是关于一架飞机将要着陆时的情况，认知分析的单元是人们和技术所共同构成的网络。① 这个系统的关键问题是要确保着陆前的安全飞行速度的问题。当飞机接近地面时，它必须要减速，但是当减速的时候，机翼的襟翼必须伸展得足够长来保持支撑飞机的升力。对于一个特定的襟翼有一个最小安全速度，这取决于飞机的重量。需要识别的是关于速度、重量和襟翼的信息是如何在机舱中被表征出来的，以及这些表征在代理之间是如何转换和协调起来产生新的知识并转换飞行员的任务。

这个任务中包括许多表征的技术人工物。飞机重量和襟翼范围内的最小航行速度的对应关系在查询表上，这张查询表放在主要飞行仪器的上方，两个飞行员都可以看得到。这个表征装置不仅仅是把一系列复杂的数学运算转换成一个简单的查询任务，而且关于飞机重量和最小航行速度的估计对飞行员们在交叉检查和修正的时候都是可用的。一旦查到大致的航速，它们将会被进一步从数字表征通过航速指示仪表盘旁边的速度监测装置（speed bugs）转换成指针表征（analogue ones）。速度监测装置是一个小的滑动器，可以沿着航速指示器的边缘移动，来标记最小安全速度的位置。

将查询表上的数字再表征为航速指示器上的指针位置的这种方式将需要记住依赖信号的速度的任务转换为一个在特定仪表盘上定位航速指针的

---

① Hutchins, E., "How a Cockpit Remembers Its Speed", *Cognitive Science*, 1995, 19, pp. 265－288.

任务。这不仅仅提供了当前速度和最小速度之间的差别，还暗示了在当前速度下飞机应该处于何种状态。

一个飞行员的任务是确保襟翼和当前速度是匹配的，以及在到达最小安全速度的限制之前在合适的时间展开襟翼。这个任务的一部分是要知道襟翼打开的目标速度，因此在实际速度降到目标速度之前必须非常专注并调整襟翼，所执行的任务因而包括在目标状态（目标速度）和当前状态（当前速度）之间的比较。这样，目标状态和当前状态必须展开协作，而且这种协作高度依赖于资源在交互作用中被显示的方式。图 5.1 表明了三个例子，目标和当前状态是如何被表征出来，每个例子中资源的协作过程都是不同的。

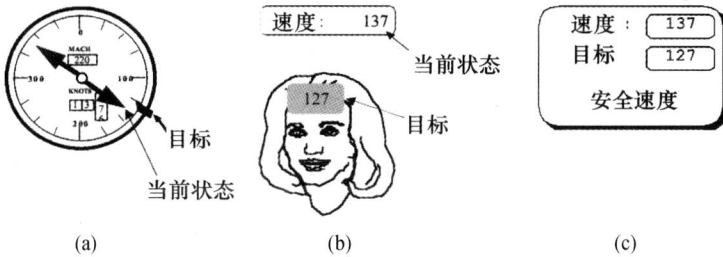

图 5.1　目标匹配中的目标协调和状态来源

a. 正如 H 的真实例子，当前和目标速度在指针和"速度监测"处分别表示出来。比较和协调过程变成了关于指针和速度检测的相对位置的感知判断。

b. 当前速度在数字显示栏上表示，目标速度在飞行员个体内部表示。协调过程包括飞行员读取数字、解释数字（使用关于十进位数字的知识），并和记忆中的目标速度进行比较来决定当前速度是过快还是过慢。

c. 当前速度和目标速度都以数字的形式表示在飞行指示器上，允许飞行员做出清晰的协调，不同的是两组数字都可读并被解释，而不需要在飞行员记忆中表征。而且，航空推算计算系统还允许比较并显示出了结果。

上述研究虽然强调了认知是以个体与环境、他人、工具的交互作用的方式实现的，但是，仍然存在的问题是，首先，对于计算这个概念的描述不够清楚，或者说，当计算被定义为表征状态通过表征媒介的传播时，计算更多的指代了表征信息的流动。那么，这种信息的流动和传统的计算观点有何种区别和关联？什么是计算过程或计算系统，什么类型的过程是计算的？"表征状态通过表征媒介的传播"与依据正式规则的符号操作有何不同？威尔逊认为，事实上并不需要或者依靠一个比传统的观点更开阔的计算观念。这里关于计算的概念过于自由，包含了许多非计算的过程，连拍照甚至传递照片都是计算过程，这将使计算过程看上去是普遍存在的。萨拉蒙也提出，成功认知的关键因素——将媒介结构的协调不够理论化并表述模糊。拉图尔同样认为，将认知作为一种计算的界定不够清楚。[①]

四　表征的量化研究

在研究分布式认知系统的理论基础的时候，张家杰（国际首位认知科学博士）又将分布式认知进路带回到实验室来研究问题解决（Problen solving）。和哈钦斯的工作不同，张家杰的研究不是强调协作团队的工作，而是关注个体和表征人工物之间的交互作用，以及在不同的信息表征中的行为比较。外部表征被界定为"环境中的知识和结构，如物理的符号、课题或者维度来作为嵌于物理构造中的外部规则、限制或者联系"[②]。在外部表征中的信息可以被感知系统单独"获取、分析和处理"。这些与需要从记忆中恢复的认知图式形成了对比。

推演就是这种过程的一个例子，一个被外部化表征的信息可以作为某些内部表征的行动规则的前因。这种过程可以被中立地视为某种计算。以传统观点来看，这种计算是一个外部表征内部化的问题，但是在张家杰看来并不必然。"外部表征不需要为了解决一个分布式认知任务而再次被表征为内在的表征，它们可以直接激活感知处理（perceptual processes）并直接提供感知信息，和内部的表征结合来决定人们的行为。"[③]

张家杰用集体问题解决的分布式表征作为理论框架和设计实验，以半量化的方式检验了集体属性和集体效能的分布式表征的效果，来考察不同

① Latour, "A Review of Ed Hutchins 'Cognition in the wild'", *Mind*, *Culture*, *and Activity*, 1996, 3 (1), pp. 54 – 63.

② Zhang, J., "The nature of external representations in problem solving", *Cognitive Science*, 1997, 21 (2), pp. 179 – 217.

③ Ibid.

的分布式表征是否会导致不同的集体问题解决的行为。[①] 传统的观点是，群体的认知属性可以完全由个体的认知属性决定。因此，以这种还原论的观点来看，理解群体行为只需要理解个体的属性。另一个观点是，个体之间的交互作用可以产生涌现的群体行为，而这不能由个体的属性推断出来。在这种行动者之间（inter – actionist）的观点看来，不能只考察个体的属性，而更重要的是需要考虑作为基本分析单元的个体间的交互作用。例如哈钦斯的导航研究就表明，分布式系统的认知属性如何与个体的认知属性有根本的区别，而且这一点不能从单独个体的属性上推断出来，无论个体掌握了多么细致的知识。

另一个用来分析集体表征的问题来自集体有效性问题（group effec-tiveness problem）。通常的看法是，集体效率和人数呈正比，因为群体会得到更多的资源，任务负荷和记忆负荷将分布开来，错误将得到反复的检验等等。但是，也有一些条件会导致集体表现弱于个体的现象，因为集体交流会耗费时间，而知识没有被共享，不同个体采用了不同策略等等。[②]许多关于集体有效性问题的研究都关注的是社会和个人的因素。相比而言，表征因素并没有得到足够的重视。

因此这项实验从纯粹的认知视角出发，聚焦于集体问题解决的表征的性质。首先要承认的一个基本原则是，集体问题的表征系统分布于个体的表征之间。图5.2表明了四个个体的表征系统。每个个体都有一个对任务的表征，任务也有一个单独的抽象任务空间来表征任务的抽象结构。一方面，个体们的表征共同决定了抽象任务空间；另一方面，抽象的任务空间可以分解和分布到四个个体的表征中去。个体与其他人彼此作用的表征共同形成了分布式表征空间，而这就是集体问题解决这一任务实际执行的真实空间。

这个集体问题解决任务的表征并不存在于任何一个个体的大脑中，而是在个体间分布。从这一点看，集体问题解决任务需要动力的、交互的以及整合的信息过程，分布于个体表征之间。抽象的任务空间（abstract

---

① Zhang, J., "A Distributed Representation Approach to Group Problem Solving", *Journal of the American Society for Information Science and Technology*, 1998, 12, pp. 801 – 809.

② McNeese, M. D., Zaff, B. S., & Brown, C. E., "Computer – supported collaborative work: A new agenda for human factors engi – neering", *Proceedings of the IEEE National Aerospace and Electronics Conference*, Dayton, Aerospace and Electronic Systems Society, 1997, pp. 681 – 686.

task space）涌现的是集体属性，它由个体的表征共同决定而又不属于任何一个个体。

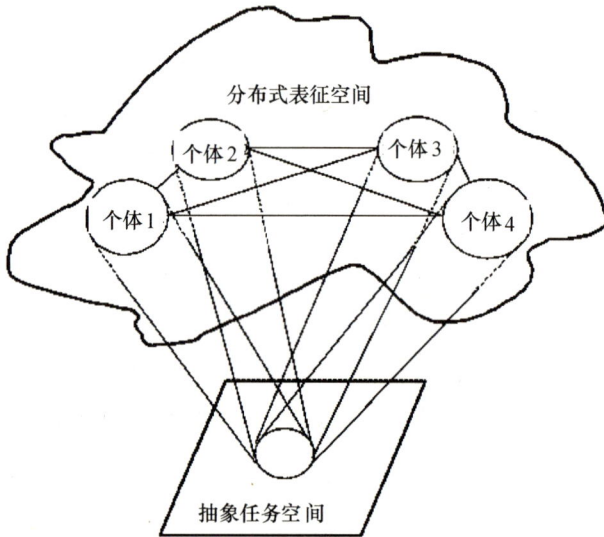

图 5.2　集体认知任务的分布式表征框架，抽象任务空间表示了任务的抽象结构分布于个体的表征中

这个抽象的任务空间可以以不同的方式分布在个体的表征之间。可能的几种情况有：（1）没有一个个体的表征是对抽象任务空间的完整表征，但是它们共同表征了抽象的任务空间。这种情况下，个体表征可能会也可能不会彼此重叠，也就是说，分布式的表征可能有或者没有多余的部分。（2）有些个体的表征都呈现了完全的抽象任务空间，有一些个体则只呈现了一部分。这样，分布式表征就总是会有冗余。（3）每个个体表征都是抽象任务空间的完整表征，分布式表征的冗余值最大。

相同抽象任务空间的不同的分布式表征可能会产生戏剧性的集体问题解决的不同行为，即使它们是在抽象的层面上以相同的结构进行表征的。而且，集体问题解决的行为可能会与个体的问题解决行为有很大的不同。张家杰所做的实验检验了这两点。

服务员与橘子问题的任务是将橘子从一个盘子移动到另一个盘子上。遵循的是图 5.3 的三条规则。（1）一次只能移动一个橘子；（2）每次所移动到新盘子上的橘子都是这个盘子上最大的；（3）只有盘子上最大的橘子才能被移动到另一个盘子上。

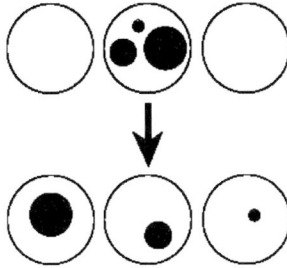

图 5.3　服务员和橘子问题，任务是在三个盘子上按照三条规则依次移动三个橘子

图 5.4 表明了这个问题的问题空间，每个长方形表明了三个橘子放在三个盘子上的 27 种情况之一。长方形之间的线段表明了遵循三条规则时从一种状态向另一种状态的转化。图 5.3 显示了由该问题的三条规则所产生的一个问题空间。

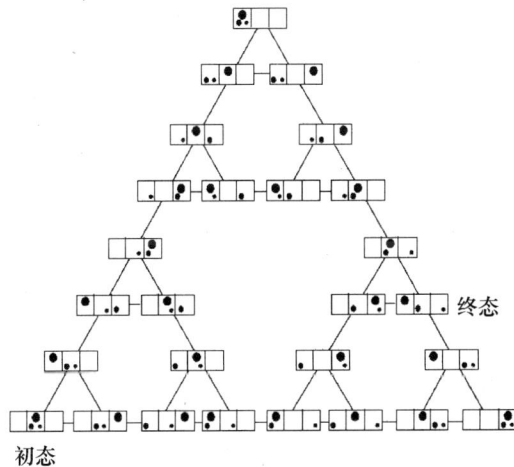

图 5.4　服务员与橘子问题的问题空间。每个矩形表示了 27 种可能的问题状态之一。矩形间的线段表明在遵守三条规则时，一种状态向另一种状态的转换

图 5.5 表明了由规则 1，1 + 2，1 + 3，1 + 2 = 3 所分布对应的问题空间。有箭头的线段是单向的，没有箭头的线段是双向的。重要的一点是，这四个问题空间可以被不同的个体所持有。

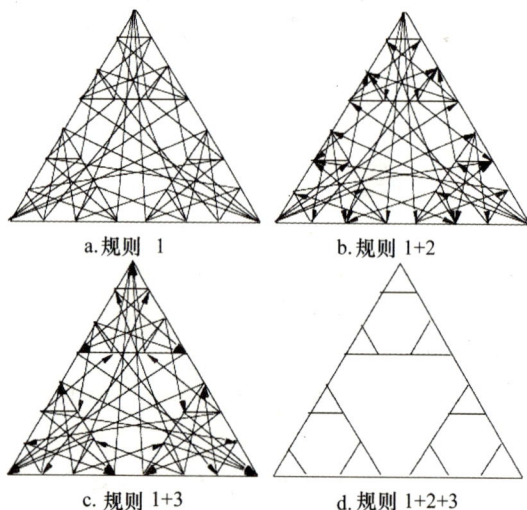

a.规则 1　　　　　　b.规则 1+2

c. 规则 1+3　　　　　d.规则 1+2+3

图 5.5　由四种规则组合形成的问题空间。A：规则 1；B：规则 1 + 2；
C：规则 1 + 3；D：规则 1 + 2 + 3。来自图 4 中的问题空间。
有箭头的线段表明是单向的，没有箭头的线段是双向的

图 5.6 表明了三条规则中两个个体间的分布。个体 1 只知道规则 1 和 3，他产生的是个体 1 的问题空间。个体 2 只知道规则 1 和 2，产生了个体 2 的问题空间。尽管这两个个体单独都不知道三条规则，但他们合起来知道全部规则。分布的问题空间共同的决定了两个个体的联合起来的规则。

这个实验检验的是集体问题解决行为的分布式表征的影响。该问题的四个条件（如图 5.7 所示）都有着抽象的结构。比如，它们都有相同的三条规则。其中有三个条件都包括两个选手。三个规则以不同的方式分布在两个选手当中。第四个条件是一个单独的选手任务，他知道三条规则。

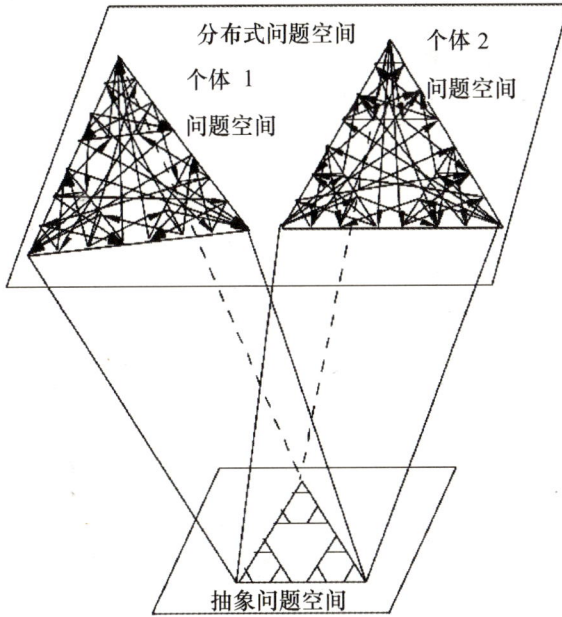

图 5.6　有两个个体的服务员与橘子问题的分布式表征。问题的三条规则
　　　　分布在两个个体之间。个体 1 知道规则 1 和 3，个体 2 知道规则 1
　　　　和 2，两个个体的两种问题空间形成了分布式问题空间，并和抽象
　　　　的问题空间相投射

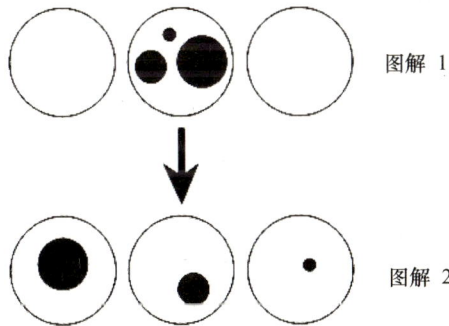

图 5.7　条件 R123—R1 时对 Kathy 的指令

条件 R123 - R1，一个人知道规则 1，2，3，另一个人知道规则 1. 因此被称为专家和新手条件。这里对专家的界定是对于任务有更多的知识，新手则对任务有较少的知识。

条件 R12 - R13，一个人知道规则 1，2，另一个人知道规则 1，3，也被称为中等水平选手条件，因为没有人知道所有的三条规则。

条件 R123 - R123，每个人都知道全部的三条规则，也被称为两专家条件；

条件 R123，只有一个人知道全部的三条规则，也被称为一个专家条件。

对象：UCSD 的 63 名大学生。

物质条件：三个不同型号（小、中、大）的塑料橘子，以及对应的盘子。

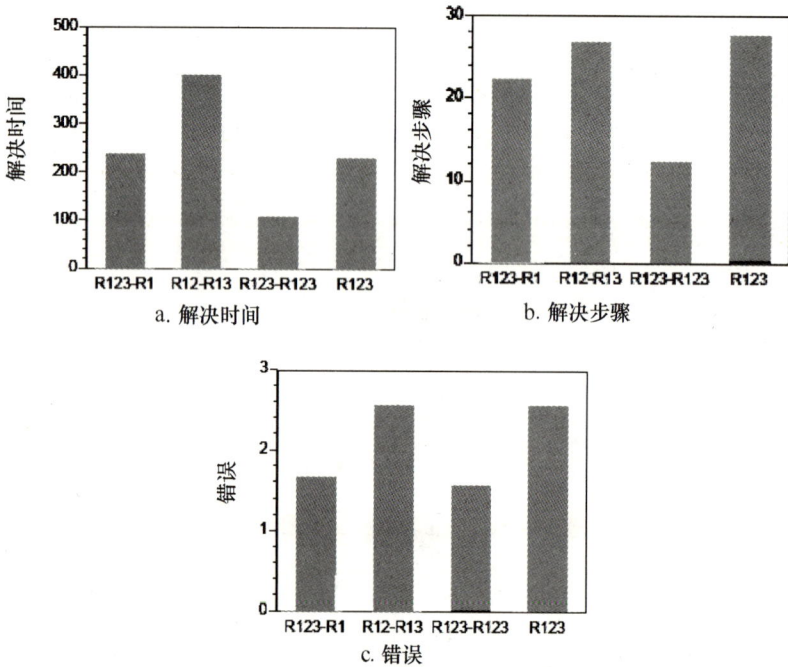

a. 解决时间

b. 解决步骤

c. 错误

图 5.8 四种条件下的解决时间，解决步骤与错误

设计：

对于有两个选手的三种情况下，两个选手在每个实验环节中组成一个小组。每个人都随机扮演女服务员 Kathy 和 Mary。对于只有一个选手的条件，一个人将完成每个实验环节。

每个实验都有 9 组选手或者 9 个单独的选手。对于有两个选手条件而言，他们有三分钟来阅读指示并被要求复述规则。一旦实验员说"开始"，他们将开始游戏，依次移动。在整个实验过程中，他们被禁止以任何方式（言语或非言语的）来彼此交流，但是在另一个选手做出了一个不符合规则的移动时可以说一声"不"。这种在两个选手间最小程度的交流的要求是用来确保选手的行为将最主要的受到对任务的表征属性的影响。对于单个选手的要求也是同样的。

结果：

四种条件下的平均解决时间如图 5.8a 所示。其困难的顺序从难到易依次是：

R12 - R13 > R123 - R1 ≈ R123 > R123 - R123。

四种条件下的平均解决步骤如图 5.8b 所示。其困难的顺序从难到易依次是：R12 - R13 ≈ R123 - R1 ≈ R123 > R123 - R123。

两个人是否强于一个人取决于表征是如何在两个人之间分布的。两个专家（R123 - R123）确实强于一个专家（R123）。但是，一个专家和一个新手的组合（R123 - R1）与一个专家（R123）并无差异。而且，两个中等水平的选手（R12 - R13）甚至要弱于一个专家（R123）。

结论：

第一，表征在不同的两个个体之间的不同的分布会产生不同的群体问题解决的行为。

第二，两个人强于一个人的情况仅仅发生在两个人都是专家的时候。

上述两个选手的三种条件的差异可以通过两个假设来加以解释：交流假说用于解决时间的差异，表征共享假设用于解决步骤的差异。交流假说是指，个体间所需的交流越少，分布式系统解决实际的表现越好。这是因为越少的交流花费越少的时间。在条件 R123 - R123，没有什么交流是必需的。在条件 R123 - R1，知道 R123 的人需要花时间来和仅知道 R1 的人进行交流，并纠正其偏差。这是一种单向的交流。在条件 R12 - R13，两个人都要花时间进行交流。这是一种双向的交流。这样，交流内容的次序从最多到最少是：R12 − R13 > R123 − R1 > R123 − R123。这个次序与解决时间的困难等级是相对应的。

共享表征假设是，个体之间共享的表征越多，分布式系统解决步骤的表现就越好。在条件 R123 − R1 时，他们共享的表征是 R1；而在条件 R123 − R123 时，他们共享的表征是 R1、2、3。这样，表征共享内容的次序从少到多是：R12 − R13 = R123 − R1 < R123 − R123。这个次序与解决步骤的困难次序是对应的。尽管更多的共享表征将使任务变得容易，但重要的一点是，没有或几乎没有共享知识的个体也可以来执行一个任务，即便没有人有完整的任务表征。在许多真实世界的群体任务解决中，互补的表征要比共享的表征更为普遍，这是出于知识专业化等原因。交流和共享表征都是集体的属性，而不是个体的属性。上述讨论表明，这些双人组在交流和表征共享方面的差异决定了他们在困难层面和集体行为上的差异。这个研究结果也进一步的支持了群体问题解决的交互行动的观点，也就是说，集体问题解决的行为不仅仅被个体的属性所影响，还被集体的属性所影响。

上述实验清楚地阐明了集体有效性问题，它表明，两个人强于一个人，（R123 − R123 > R123），或者与一个人等同（R123 − R1 = R123），再或者甚至要弱于一个人（R12 − R13 < R123）。对此我们提出两个要素的解释：第一个要素是交互检查回路（cross − check of loops），图5.3 的问题空间表明，移动可以在回路中进行。回路越多，当然移动越多，从而产生了更长的问题解决时间。非正式的观察表明，单个个体比两个个体有更多的回路。这可能是因为两个选手将更有可能从两个不同的路径出发来考虑问题，因而在任何特定的时间内进入一个回路的可能性较少。第二个因素是交流。更多的交流需要更多的时间。当两个人都是专家时，两个人（R123 − R123）强于一个人（R123）。这可能是因为 R123 − R123 之间有一个交互检查的回路，而 R123 则没有这个回路，而且 R123 − R123 和 R123 的交流需求是相同的（都没有交流需求）。两个人（R123 − R1）和一个人（R123）的情况没有差异发生在有一个人是专家的情况下。这可能由于交互检查回路的收益抵消了 R123 − R1 的交流耗费。当没有人是专家时，两个人（R12 − R13）可能会弱于一个人（R123）。这可能源于交互检查回路的收益小于 R12 − R13 交流（双向交流系统）的耗费。

这个实验并没有否认集体问题解决的社会的、个人的、情感的等非认知要素的关键性。这个分布式表征的框架表明，集体问题解决任务的表征分布在个体表征间，并共同形成了关于任务的抽象结构。作为一套方法，它需要的是：a. 作为一个分布式表征系统，对集体问题解决任务的个体表征的思考；b. 将集体问题解决任务详细地分解到个体表征；c. 对抽象任务结构的界定及其与每个个体表征的关系；d. 对个体表征的交互行为的重视。尽管此框架来自集体问题解决，但是分布式表征的概念仍然可以作为一个普遍的观点来应用于其他领域，比如，集体发展、共享认知以及群体精神模型等。

第二节　工具如何认知

分布式认知不同于集体认知的一个显著特征是将认知能力与具体的技术人工物结合在一起。集体认知通常是在生物体的意义上进行研究的，如动物群体的集体认知、知识共同体建构或知识增长与集体认知的责任等，聚焦于人与人、动物与动物之间的交往、整合与认知的关系。而分布式认知则是将技术人工物也纳入认知系统之中，而且更进一步的是，不再将工具视为某种为认知提供帮助的附加品，而是把工具的地位提升到了认知主体的层面，与人平等的并列式分布。在哈钦斯看来，在真实情况的认知活动中，工具被作为表征和计算得以实现的重要媒介，而且提供了对行动的约束，参与塑造和改变着心智。他甚至提出，我们不能知道任务是什么，直到我们知道工具是什么。哈钦斯提出，"

例如，导航计算尺是一个在导航过程中经常被使用的工具，用来测量在两个定位点之间的时间间隔和相应航行距离的情况下舰船的速度，如图5.9 所示，上面有直接显示时间（time）、距离（distance）和速度（speed）的界面，特别在距离标记下还有一排小字说明了不同的距离单位，"红色字体表示海里，黑色字体表示码"。

舰船在航行时需要不断的测量行驶速度。在两个定位点间的速度有多种方法来进行测量，例如知道距离和时间之后，直接以人工方式用纸笔根据公式来计算距离与时间之比，也可以借助计算器得到结果。这其中发生了一系列的认知活动，包括记住公式、公式转换、数据测量、单位转换（以每小时多少海里或者每分钟多少码为速度单位，1 海里有 2000 码，1

小时有60分钟)、数据运算、使用纸笔或计算器按键等。这些工作在实际开展的时候并不轻松,而且还有可能出错。

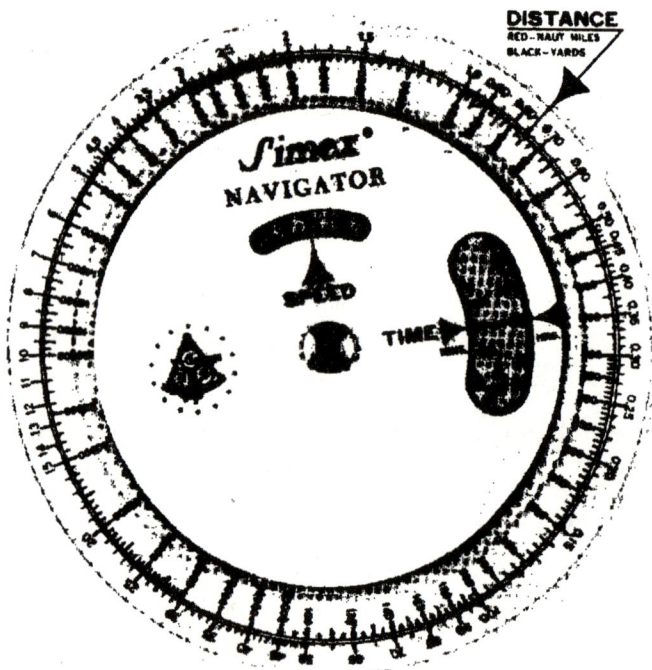

图5.9　导航计算尺

导航计算尺则用一种刻度列表的方式直接给出结果,当舰船远离陆地并且定位时间间隔远远超过三分钟时通常会应用这种工具。用它测量速度十分简单,在距离刻度处将指针对准对应的距离,在时间刻度上将指针对准相应所消耗的时间;那么速度指针将在速度刻度处直接显示出速度。

在应用导航计算尺时,首先没有必要对速度数据再进行单位转换,导航计算尺可以直接给出每分钟多少码或者每小时多少英里的结果。而且,即使导航员不具备关于距离、速度和时间的计算关系的代数知识,也对测速毫无影响。导航计算尺使某种具体的计算认知变成了对某个外部仪表设备的简单读取认知,只需要调整距离和时间的数据。关于距离、速度和时间的公式关系被内在化于导航计算尺的结构之中。通过工具读取数据的另一个好处是计算出错的可能性也不复存在。导航者的认知活动和单纯通过计算得出速度的认知活动相比，虽然增加了一些例如读数的认知能力，但总体来说仍然比利用纸笔或计算器所需要的认知能力简单一些。

更重要的是，不同的认知路径对导航员提出了完全不同的认知需求，因此对导航员而言，不同的认知工具实际上关联着不同的认知能力与认知目标。纸笔的方式需要记住公式、会运算；利用导航计算尺则主要需要读数能力。不难看出，与其说工具扩展和增强了人们的认知能力，不如说工具通过对任务更清晰的表征而改变了人们的认知任务。工具不是独立于认知任务和导航员的第三方。因此哈钦斯提出，从这个意义上说，这些媒介技术并没有站在使用者和任务之间。相反，它们和使用者站在一起，作为约束行为所用的来源，执行计算的表征状态的传播即以这样的方式发生了①。"也就是说，由人和工具组成的系统的计算能力并不取决于内在于工具设备的信息处理能力，而取决于工具在一个认知功能系统组成中所发挥的作用。"认知能力的组成部分并没有通过任何工具的使用而被放大。相反，每个向使用者呈现任务的工具都是一个不同的认知问题，需要不同的认知能力或者相同能力的不同的组织②。"

在这里，工具不仅仅指以物化形式存在的媒介，在广义上，"那些任何关于任务执行的协调结构都可以被视为媒介结构③。"例如语言也是一个媒介的技术人工物，和规则、海图、量角器一样。"我们试图尝试去思考言语和世界是通过为了产生意义的语言而协调起来的。更精确的说，意义、世界和言语彼此的协调要通过语言的媒介结构④。"

勒博（Lebeau，1998）概括了分布式认知工具的使用⑤，比如在需要使用医学诊断的医疗记录和身体检查时，其目标是关于学习使用这些工具的教育问题。通过分布式认知的视角，将医疗记录和身体检查视为分布式认知的工具的启示，来重新构造对当前医疗专业技术的再描绘。利昂（Le'on，1999）提供了一个关于步枪操作的进化的详尽的解释，来表明了

---

① Hutchins, E., *Cognition in the Wild*. The MIT Press. 1995, p. 154.

② Ibid., p. 154.

③ Ibid., p. 290.

④ Ibid., p. 300.

⑤ Lebeau, R., "Cognitive tools in a clinical encounter in medicine: Supporting empathy and expertise in distributed systems". *Educational Psychology Review*, 1998, 10: pp. 3 – 24.

发生在技术人工物那里的认知是如何一层一层的被抽取出来,"将思想建构进事物(Building thought into things)[1]"。

怀特强调人工物作为人类活动的中介就是一种工具和符号(symbol)。"人类与大猩猩不同,因为人类有象征性的行为,人类可以通过语言来创造一个关于观念和哲学的新世界。在这个世界中人类的生存就如同他们在所感受到的现实世界中的生存一样。这个世界具有的持续性和永久性则是那个所感受现实世界所没有的。这些并不仅仅是由当下的现实组成的,还包括历史和未来。[2]"例如,一把斧头是一个主观的器具;如果没有对它的某种概念或者态度的话,它将毫无用处。另一方面,如果没有公开的表达,比如通过行为或者谈话(谈话也是行为的一种形式),概念或者态度也没有意义[3]。在某些情况下,人工物和其他的外部结构诸如笔记本,木棍,滑行规则,电脑控制生效,软件智能体,手指,一小群人,仪式,名胜古迹,道路,路标以及风景都可以成为一个延伸系统的组成部分。工具媒介在认知中的关键角色表明认知植根于人工物中,课本、笔记本、尺子、课桌以及在黑板上和公告栏上的文字都可以被看作是蕴含智能的文化人工物[4](Pea,1993)。而哈钦斯工作的重要性之一在于提出了"功能系统",该系统由个体及群体和所使用的工具组成。功能系统意味着人与工具所完成的事情和个人所完成的事情有显著的不同[5]。

工具作为行为的中介意味着认知在个体、中介者(mediator)和环境之间的分布。概念知识也可以以某种方式被看作是一套工具。工具与知识有某些共同的显著特征:它们只能通过应用才能得到完全的理解,而且通过应用既改变了使用者对于世界的观点,并且接受了在其中的文化系统。人们能动的使用工具而不是仅仅获得工具,并建立一个对世界及在其中所使用的工具的理解。

---

① De Le'on, D., "Building thought into things". In: Bagnara, S. (ed.), 3rd *European Conference on Cognitive Science*. Siena, Italy, 1999, pp. 37 - 46.

② White, L., "On the use of tools by primates". *Journal of Comparative Psychology*, 1942, 34: pp. 369 - 374.

③ White, L., "The concept of culture". *American Anthropologist*. 1958, 61: pp. 227 - 251.

④ Pea. "Practices of distributed intelligence and designs for education." In Salomon, G. (ed.), *Distributed Cognitions*, Cambridge University Press, New York, 1993, pp. 47 - 87.

⑤ Nardi, B. A., "Concepts of cognition and consciousness: Four voices." *Journal of Computer Documentation*, 1998, pp. 22, 31 - 48.

学习如何使用工具所包括的远远不止用任何清晰的规则来解释。共同体及其观点就像工具本身一样决定了工具是如何被使用的，木匠和细木工以不同的方式使用凿子，工具及其使用方式反映了特定的共同体所积累的看法。不考虑共同体及文化是不可能合适的使用工具的。概念化的工具也同时反映了文化的智能以及个人的观点和经验。其意义并不是不变的，而是与共同体商谈的结果。对工具恰当的使用也不仅仅出于抽象概念的功能本身，这种功能已经被文化与实践活动发展了。

第三节　动力系统—交互作用

一　交互作用

认知系统得以构成的一个重要原因是各个认知代理之间的联系，这种联系不仅仅表明各个要素在结构或形式上的关联与交流，而更多的是指在强关联的基础上形成了耦合的作用力，即每个代理在影响其他代理的同时也受到了直接的影响，从而进一步削弱了代理之间的边界来构造认知系统。这就是分布式认知的另一个关键要素，交互作用（interaction），强调认知活动中个体与包含他人和工具的情境彼此间的双向影响。

在一个认知系统中，整体的操作涌现于系统各个部分的交互行为中。每个部分可能同时都对其他部分的行为提出限制，并被其他部分的行为所限制。比如在导航活动的任务执行者和环境构造之间，绘图员与记录员或其他表征系统的交互行为可以改变绘图员的计算位置，数据的可用性也取决于社会交互行为的模式。进一步的，集体认知属性由个体内在结构和外在结构之间的交互作用产生。

在上文已述的贝特森关于盲人与拐杖的思想实验中，他进一步指出，对该问题的不同回答取决于对这个事件的构想。对于该心智的分析不仅仅要包括人和拐杖，还要考虑他的目的以及他得以发现自身的环境。当他坐下来午餐时，拐杖与心智的关系完全变化了，刀叉则变得重要起来。简而言之，心智分布的方式关键取决于个人与世界发生相互作用的工具，而这些工具反过来又取决于个人的目标。目标、工具和环境同步组成了行为的情境以及认知在情境中分布的方式。在这里我们看到了被哈钦斯所强调的交互行为的体现。

　　什么是交互作用的基本属性？在科学社会学看来，交互作用可以被理解成进入一个科学共同体的某种社会化活动。在人工智能看来，简单地说，交互作用就是一系列字符串的交换。这是一种参与者在一个共享环境中交互的、共同存在的方式。[①] 真实世界的交互作用有多重模型，并且由各个来源的复杂的网络式关系组成。

　　从广义来看，理解复杂的真实世界的交互作用要比理解单一线性相关的系统更为困难。布鲁诺（Bruner，1966）曾经提出，有些技术人工物如语言和符号系统，可以被看作是认知能力的放大器。[②] 但是上文已经提出，这种观点并没有真实反映工具在认知过程中所发挥的系统性作用。科尔（Cole，1980）也认为这些人工物并没有实际上放大了任何已有的认知能力，而是当一个人在执行认知任务（如记忆）并与认知人工物（如纸笔）协调时，一套不同的内部和外部资源装配成了一个动力功能系统来完成任务。[③] 在这个"功能系统"的观点看来，认知人工物是认知系统的一个转换器而不是认知放大器。这就是内部过程与结构以及环境处理之间的交互作用。这意味着对交互作用的理解是，一旦接受了交互认知的观点，那么即便是决定完成何种任务都取决于对如何完成任务已知的信息。例如，会话就是一种多模式的交互作用，因为它们包括了与环境耦合的手势、与手势同步的言谈、身体的方位、面部表情和工作操作。这个过程的关键之一就是对认知事件"共同建构"（co - construct）的观点。共同建构是指交互的行动者对彼此以及他们自己的限制，行为不是孤立的，需要由其他人的行动内容所提供的规范。

　　系统的每个要素在它和其他要素的关联的情境下都有意义。这个紧密的相互关联的网络是真实世界认知生态学的典型。在这种系统中，正确的分析单元不是大脑或者一个符号模块（例如单独的言谈或者手势），而是

---

　　① N. J. Enfield, Stephen C. Levinson, Wenner, "Roots of human sociality: culture, cognition and interaction", Edwin Hutchins. CH14, *The Distributed Cognition Perspective on Human Interaction*, 2006, pp. 375 – 398.

　　② Bruner, J., R. Olver, P. Greenfield, *Studies in cognitive growth: A collaboration at the center for cognitive studies*, New York: John Wiley and Sons, 1966, p. 51.

　　③ Cole, M., and M. Griffin, "Cultural Amplifiers Reconsidered", In The social foundations of language and thought, *Essays in honor of Jerome Bruner*, edited by D. Olson, New York: Norton, 1980, pp. 343 – 364.

整个系统。

　　然而，克拉克却对这种交互作用所形成的耦合表示疑问，他提出，个人大脑和外部系统化的特征的耦合程度究竟有多强？① 为此，我们需要借用动力系统的概念。

二　动力系统

　　和表征的基本假设类似的是纽维尔（A. Newell）和西蒙（H. Simon）（1976）概括的认知的符号系统假设。该假设认为：（1）世界可以分解成离散的物体，其中每一个能由一个符号指派；（2）每个符号指称一个物体（例如，狗、猫、钢琴等），一个动作（例如，吠叫、睡眠、呼喊等）；（3）一个符号串（即表达式）指称一个事件或世界的一个状态；（4）形式规则和一个底层的"思想的逻辑"支配着系统中符号和表达式的操作；（5）本质上，认知主体是数字计算机。② 根据物理符号系统假设，如果我们有足够丰富的符号表征和操作这些符号的足够详细的规则集，那么智能就会必然地出现。不仅如此，所有智能都必然是这种符号操作的结果。符号系统假设声称自己为智能活动提供了一个充分必要的条件③，这就是前文已述的认知的表征和计算范式。

　　早在 1976 年，纽维尔和西蒙在"物理符号系统假说"中就宣称一个物理系统将不可避免并足够有效的来产生智能行为。然而，30 多年间，各个领域的工作并不能使这一假设成为现实甚至可预见的现实。因此人们不得不对这个假设本身提出质疑。同时，由于神经科学、生态心理学、协同学、形态动力学、人工神经网络、混沌和复杂性等学科的进展以及非线性动力学和用于仿真的计算机软硬件的发展，人们提出了关于认知的一些新的观念，并且具有了将这些观念贯彻到经验研究中的方法和工具。盖尔德（Gelder）认为：到 20 世纪 90 年代，就其本身而言，动力学进路显然有了被视为研究范式足够的

---

　　① Clark，Andy，"Book Reviews，Cognition in the wild"，*Philosophical Psychology*，1996，9（3），p. 393.

　　② French，R. M. & Thomas，E. ，"The Dynamical Hypothesis in Cognitive Science：A review essay of Mind As Motion"，*Minds and Machines*，2001，11（1），pp. 101 – 111.

　　③ Newell，A. ，& Simon，H. ，"Computer science as empirical enquiry：Symbols and search"，*Communications of the Association for Computing Machinery*，1976，pp. 113 – 126.

力量、范围和内聚力来被视为一个有自身地位的研究范式（Port and van Gelder, 1995）。[①]

与符号系统假设相对，在盖尔德看来，最好的表达动力假说的方式就是将动力系统视为定量的和连续变异的系统，是一系列变量随着时间互相依存（interdependent）的变化。尽管所有的认知科学都将认知视为随时间发生的事情，动力学家将认知视为存在于时间中（as being in time），也就是说，作为一个必不可少的时间现象，可以表现为许多方式。动力学模型中的时间变量并不是一个离散的命令，而是连续变异的（quantitative），有时候连续近似自然事件的真实时间。计时（timing）的细节（持续、速度、同步等）是认知本身的实质，而非附属的细节。认知并不被看作是按次序循环的结构（感知—思维—行动），而是一个连续和持续的共同进化。认知的微妙和复杂并不是在一个详尽的静止结构中一次性的被发现，而是随着时间变化进行着连续的自身改变。

"自然认知系统是某些种类的动力系统，而且动力学的理解是对认知系统最好的理解。"[②] 这就是动力系统假设（Dynamicist Hypothesis）。例如，太阳系的经典机制是关于太阳和行星的一系列位置和动量。一个系统是在空间中连续变异，它的状态形成了某个空间，状态就是那个空间中的位置，行为就是轨迹的路径。这样，连续变异系统支持的是一个关于系统行为的几何学视角，这是动力学取向的一个特点。其他关于动力系统的基本特征如稳定性、吸引子也取决于距离。而且，这个定义在数字计算机和动力系统之间建立起了一个确定的差异。

动力系统假设包括两个部分：（1）自然假说（nature hypothesis）：对于每种由自然的认知主体表现的认知操作而言，在因果组织的最高相关水平上，存在着由该认知主体例示的某种连续变异系统（quantitative system），由代理在因果的组织（causal organization）的最高相关层次上展示出来，也就是系统的执行方式。（2）知识假说（knowledge hypothesis）：通过建立动力学模型、借助动力学的理论资源和采纳开阔的动力学视角，

① Van Gelder, T. J. , "Dynamic approaches to cognition", in R. Wilson & F. Keil（ed. ）, *The MIT Encyclopedia of Cognitive Sciences*, Cambridge MA: MIT Press, 1999, pp. 244 – 246.

② Van Gelder, T. & Port R. , *It's about time: An overview of the dynamical approach to cognition*, *Mind as motion: Explorations in the dynamics of cognition*, Cambridge, MA, MIT Press, 1995, p. 4.

我们能够和应该理解这个因果组织。①

自然假说是一个有关认知和认知主体的实际情况的断言，即存在论的意义上，认知是某一种动力系统，而不是局限于心智的表征计算；而知识假说则是对如何理解和研究这种认知的实际情况的认知科学的断言，即在认识论的意义上，认知可从动力学的角度来理解，进行认知的动力学研究和认知的动力系统建模。② 当自然假说关于现实时，知识假说则是关于认知科学的，它认为认知最好被动力的来理解。毫无疑问，这是因为认知主体事实上就是动力系统（自然假说），而且智能工具应该适合于目标问题。

从动力系统的观点来看，认知不只是孤立的认知主体的界定明确的表征的计算，而是一个系统的动力过程，其中认知主体是这个动力系统的一个构成成分，其认知能力和认知成就则内在于系统的动力演化中。动力模型将决策过程视为一个数字变量随着时间不断交互演变的过程。这类模型可以解释一个更广范围内的数据并且更为精确。一个动力系统就是一系列变量不断的变化着，同时存在着，并通过时间根据动力规则互相依存。这样，动力学便提供了一个理解认知过程的正确的工具。

在这个意义上的动力学包括动力学模型的传统实践，其中科学家试图通过抽象的动力学模型来理解自然现象；这类模型大量的使用微积分以及差分方程。还包括动力学系统理论，通过一系列概念、证据和理论来理解一般系统和动力系统的行为。动力学系统理论的一个中心问题是在系统的可能空间里关于位置及位置变化。这样行为方式就可以通过吸引子（attractors）、瞬变（transients）、稳定性（stability）、耦合（coupling）、分叉（bifurcations）、混沌（chaos）等专业词汇来被描述。这些特征在经典的视角上是看不到的。

认知主体就是动力系统，这与我们对现实如何思考无关，而是关于世界本身的方式。这是一个比较复杂的宣称，不是一个简单的界定。例如，幼儿 Jean 是一个认知主体，但确定的是，他不是一系列相

---

① Van Gelder, T., "The Dynamical Hypothesis in Cognitive Science", *The Behavior and Brain Sciences*, 1998, 21, pp. 615 – 665.

② Van Gelder, T., "Revisiting the Dynamical Hypothesis", http://www. arts. unimelb. edu. au/ ~ tgelder/papers/Brazil. pdf.

互依存的变量。人们的许多认知表现组成了特殊类型的动力系统，认知行为就是这个系统的行为。因此 Jean "决定" 去取箱子的行动是一个认知的表现。西伦提出，与 Jean 相关的还有许多联系在一起的变量并且不断的变化，因此他的行为就是那一系列变量的行为。动力学假说的自然方面表明所有的认知表现都是那样，每个认知主体并不是一个动力系统。

如何理解自然的动力学的认知呢？盖尔德认为，最简单的方式就是看看认知科学中的动力学家是否使用微分或者差分方程，当然这只是关键的一部分。一个彻底的认知动力学视角包括三个主要部分：动力学模型、使用动力学智能工具和采用广泛的动力学视角。

这个模型的行为要和人类主体的认知执行的经验数据进行比较。如果匹配得好，我们可以推断认知执行就是与主体相关动力系统的行为。正如西伦的例子，他界定了一个抽象的动力学模型，包括一系列变量和控制互相依存的变化的等式。随后他表明，如果参数的设置是正确的，那么模型系统就行为就是按照 Jean 的方式进行的。由此推断 Jean 的认知表现在现实中是一个相似系统的行为，这个相似系统的变量就是 Jean 本身及其环境的变量。这个进路的一个问题是，即使是最简单的非线性动力系统的行为都很难理解。因此定义一个抽象的动力模型可能很简单，而理解它如何工作以及是否是一个好模型则并不容易。

动力学家也强调情境和嵌入。自然的认知往往是由个体环境产生的嵌入式的、物质上具身的以及神经上具脑（embrained）的。动力学家试图将认知过程视为身体和情境中的大脑的集体成就。他们运用动力学的术语来描述环境的变化、身体的移动和神经生物学的过程。这使他们可以为作为动力现象的认知提供一个整合的解释。在经典认知科学中，符号表征及其算法控制是最基本的结构单元。动力学模型通常也包含表征，但是将它们看作动力学的实体（如系统状态，或者由吸引子范围所刻画的轨迹）。表征倾向于被视为是片刻的、情境依赖的，而不是静态的、情境无约束的、永久性的单元。甚至有动力学家宣称已经发展了全部的无表征模型，他们推测表征比以往设想的那样起到更小的作用。

动力系统如何与联结主义联系起来呢？简单地说，它们是部分重叠的。联结主义网络通常是动力系统，而且最好的动力学的研究在形式上也是联结主义的。① 但是，许多联结主义的结构以及对其系统的解释都受到广泛的计算先见的引导。相反，许多关于认知的动力学模型并不是联结主义的网络。联结主义通常被视为居于动力学和经典认知科学之间。

海利恩（F. Heylighen）认为，分布式认知是集体智力及其环境的一种融合，或者也可以视为是认知过程向物理空间的延伸。② 因此，认知或心智不能在抽象的概念领域考察，而是应该将其置于具体的环境中来考察由感知和行动所形成的相互耦合关系。从自组织的角度来看，认知代理就是认知任务的执行者，它们在一个共享的环境中开展行动，并且彼此影响，这种个体与个体、个体与环境间的交互作用就形成了一个动力学系统，这个系统具有某种计算能力和结构来处理信息。会产生一个非线形的模式，形成正向或者负向的复杂的反馈回路。③ 这种复杂的系统不能用常模对其进行控制或者预测，系统本身将趋向于自组织，从而逐渐形成一个相对稳定的构造。

范（F. Van）提出用一种抽象的网络形式来表征一个延伸的社会组织。这个联结网络中的节点具有代理的功能，用来存储信息，链条则起到通道的功能，将节点连接起来用于信息的流通。④ 每一个节点都由它所在空间的状态决定，信息一开始可以通过不同的平行链条传播到不同的代理处，然后在接收节点处进行重组。一个复杂的节点可以分解为一批简单的、单维度的节点，只有一个"强度"或者"活跃度"的价值。节点和链条的功能看上去等同于"神经的"或者联结网络。这一过程本质上是平行的和分布的。这些系统不需要执行者，这样就消除了集中信息的需要，使信息真正的分布开来。在这个构造中，代理互相适应又彼此限制交互行为，从而使这个构造得以延续。自组织和集体进一步的进

① Beer, R. D., "A dynamical systems perspective on agentenvironment interaction", *Artificial Intelligence*, 1995, 72, pp. 173 - 215.

② Heylighen, F. & Joslyn C., "Cybernetics and Second Order Cybernetics", in: R. A. Meyers (ed.), *Encyclopedia of Physical Science & Technology* (3rd ed.) (4), Academic Press, New York, 2001, pp. 155 - 170.

③ Crutchfield, J., "Dynamical embodiments of computation in cognitive processes", *The Behavior and Brain Sciences*, 1998, 21, p. 635.

④ Van Overwalle, F., & Labiouse, C., "A recurrent connectionist model of person impression formation", *Personality and Social Psychology Review*, 2004, 8, pp. 28 - 61.

化形成了"社会般的"组织形式，其中的代理彼此扶持以使组织利益最大化。

更重要的是，这样的网络自然而然地支持认知活动，通过链条强度的变化来不断地适应环境，有些链条会变得更为有力，从而易于传播信息；而那些很少使用的或导致错误的链条则被削弱。在一个延伸的认知系统中，这种强化和弱化有两个机制：从物理意义上看，使用媒介将变得更为有效；但是更灵活的一个机制是社会适应，代理通过与其他代理的交流来学习经验。如果其他代理的回应适当，第一个代理将会增长对其能力和意愿的信任，这样将更有可能进一步交换信息。这样，网络中经验的应用被存贮起来，网络需要以分布的形式来获取新的知识，也就是说，知识保存在链条中，而不是在个体节点的记忆中。

这种网络式的认知系统和个体相比，在许多方面体现了集体的优越，如整合不同来源的知识，克服个体的偏差、失误与界限等。类似的，联结网络会提供新知识生成的更基本的形式来超越个体之和。信息传播中的噪声不是通过平均化被削弱，而是会在动力学分歧点引发新的关注和计算。

自组织机制可以导致代理间的合作，也可以导致代理间所交流的知识的协作与整合。一个循环交流的知识在每一次被新代理吸收时都会经历一次意义的转向，代理加入了自己独特的解释和经验。而且，在特殊媒介中表达的需要也将影响该知识的形态和内容。每一次反馈回来的信息都会变化的超出了原有的认知。如上一节所述，这种在分散的集体代理中的循环往复使动力学系统形成了一个不变的、自然发生的构造。

从一个广阔的动力学视角看，认知是一系列耦合的连续变异的变量持续相互作用的涌现的结果，而不是相继离散的变化，从一个数据结构到另一个。认知执行被视为在一个几何空间内的持续移动，其中结构是随时间变化而非静止的在某个时间编码。与世界的交互作用是一个同时发生的交互的刻画，而不是偶然的输入与输出。

但是，目前从自组织的角度出发，运用动力学的方法对分布式认知所进行的考察仍停留在描述、类比的层面，如何对分布式认知做出进一步的动力学研究与建模计算，开展实质性的研究，将是下一步的研究方向。

第四节 文化是剩余物还是过程

当分析单元大于个体，并且被作为一个认知系统来考察时，承认文化对认知的介入就是不可避免的了。分布式认知将真实世界的认知视为一个动态的过程，包括过去经验（个人的、集体的、物质世界的）与现在可供性（affordance）的交互作用。在这个动态的意义上，文化内置于分布式认知的视角，作为认知的情境，也是一个发生在心智内部和外部的人类认知过程。① 文化刻画了系统的认知过程并允许分析单元的边界超越了个体的界限，从而使个体成为了复杂文化环境的一个要素（Cole，1992）。② 认知不再与文化分离或者隔绝，因为人们生活在复杂的文化环境中。这表明，一方面，文化形成于人类代理在其历史环境的活动中；另一方面，以物质人工物、社会实践等历史的形式形成的文化，刻画了认知的过程，特别是那些在多代理、人工物和环境之间的分布的认知过程。因此，在分布式认知的核心思想中，认知和文化内在的联系起来。

显然，这和人类学最核心的考察对象——文化密不可分。文化是一个非常庞大的概念，仅 1871—1951 年的 80 年中，关于文化的定义就有 164 条之多，如人类学的鼻祖泰勒认为：文化是包括全部的知识、信仰、艺术、道德、法律、风俗以及其作为社会成员的人所掌握和接受的任何其他的才能和习惯的复合体。③

而吉尔兹对心智分布的本性和文化历史的解释是，"人类通过将自身置于象征性的中介程序中来生产人工物，组织社会生活，或者表达情感。非常确实的，尽管不是那么的故意，人类创造了自身"④。"这些符号不仅仅是表达与工具，或者与我们的生物的、物理的、社会的存在有关联；它们是后者的先决条件。当然，没有人类就没有文化，但是同样的，甚至更

---

① Hutchins, E., *Cognition in the Wild*, The MIT Press, 1995, p. 354.

② Cole, M., *Cultural Psychology*, Harvard University Press, Cambridge, MA. Eick, S. G., Steffen, J. L., and Sumner, E. E. 1992. Seesoft—a tool for visualizing line oriented software statistics. 1992, pp. 957 – 968.

③ 泰勒：《原始文化》，连声树译，上海文艺出版社 1992 年版，第 1 页。

④ Geertz, C., "*The interpretation of culture*", New York：Basic Books, 1973, p. 48.

为重要的是，没有文化也将没有人类。"①

而且，文化远非模式化的。因为它经历了受限于当下的、面对面的交互作用，因此它是"作为整体的文化"与任何有文化经历的个体的结合。施瓦茨（Ted Schwartz, 1978）研究了知识在个体、代际、职业、阶层、种族、组织之间的不同分布。他认为文化必然是一种分布式的现象，因为它在人们的日常交往中被承担或者获得。② 正如富塞尔（Fussell, 1989）所言，人们的文化知识的一部分是取决于其他人愿意与其共享知识和认知视角的程度。③

西方导航和密克罗尼西亚传统导航有很大的方法差异，西方导航非常依赖技术，如量角器、海图等，"物理人工物成了知识的贮藏室"④。除了对仪器工具的依赖之外，西方导航还对仪器工具的原理、也对其物质结构的知识和运用做出越来越多的总结归纳，作为模拟—数字转换的测量技术得以发展，随之也越发依赖数学计算技术；出现海图，这成为地球以及绘制航线这一航行主要计算象征的基本模型。"密克罗尼西亚的导航者用他们的心智之眼来执行任务"⑤，"他把所有航程所需的知识都放在头脑中"⑥，一个经验丰富的密克罗尼西亚导航员只需要看一眼地平线附近的几颗星星就可以在脑海里形成整个罗盘。这种能力对于导航员是至关重要的，因为在导航中跟他相关的星向并不一定是那些已经看到的星星。这种恒星罗盘具有抽象性，一旦确定了其中任意部分的方向，整个罗盘都可以被标定出来。在密克罗尼西亚传统导航的体系里，没有统一的单位来表示方向、位置、距离、速率，也没有模拟数字转换和数字计算。相反，这里有许多有特定用途的单位，他们将世界"看待"成一个内在的结构置于一个外在结构之上，以便形成一种计算的图景技巧。通过构建这个图景，密克罗尼西亚导航员在他们"脑海中的眼睛"里实行了导航计算。

① Geertz, C., "*The interpretation of culture*", New York: Basic Books, 1973, p. 48.

② Schwartz, T., "The size and shape of culture", In F. Barth (Ed.), *Scale and social organization*, 1978, pp. 215 – 252.

③ Fussell, S. R. & Crauss, R. M., "The effects of intended audience on message production and comprehension: Reference in a common ground framework", *Journal of Experimental Social Psychology*, 1989, 25, pp. 203 – 19.

④ Hutchins, E., *Cognition in the Wild*, The MIT Press, 1995, p. 96.

⑤ Ibid., p. 93.

⑥ Ibid., p. 96.

　　从任务的执行上来看，密克罗尼西亚的原始导航和西方现代导航的计算是同等意义的。但他们表征和执行任务的区别在于文化的差异。在一个文化传统下的导航知识不足以理解另一个传统下的导航实践。简单地说，这种文化差异体现在技术的进步上，而技术又进而影响了认知方式。当人类的认知活动无法摆脱的和任务的延伸历史绑在一起（如对导航计算的人工物的使用）时，人类认知就在非常基本的意义上是一个社会和文化的过程。① 因为当前和技术人工物一起所执行的计算是一个延伸到任务历史的持续计算过程。

　　这样，在哈钦斯看来，文化和认知并不是分离的，文化决定了认知任务被表征和补充的细节。"我也希望告诉大家，西方导航文化里即便是看起来再自然不过的常识性的观念，从历史角度讲都只是依条件而定的，并非普遍必然的。这样一来，我们才可能看得清文化表征系统的结构，一旦认识到这一结构。它们就会显得像之前那样理所当然"。

　　然而，与用某种象征物来比喻文化的传统观点不同，在分布式认知这里，文化并不是某件事情或者许多东西的集合，文化被看做是一个过程，也是一种协调机制。神话、工具、理解、信仰、实践、人工物、建筑、分类方案等本身并不构成文化。这些结构无论是内部的还是外部的，都是文化过程的剩余物（resident）。这些剩余物对于文化过程来说当然是必不可少的，但是将它们当成文化本身会转移我们对于文化过程的性质的关注。技术人工物不应该被看成共同体的文化，它们和通过交互作用所形成的内部结构都是文化过程的剩余物。从过程的观点看，早先的学习可以对后来的学习有更为直接的影响。早先的学习可以为学习能力本身创造一种选择性的压力。但是，任何将文化还原到一个单一等级的行为都会遗漏文化现象的中心方面，特别的文化包含了对世界的表征的创造。

　　文化还是一种控制机制。在吉尔兹（Geertz，1973）的著名论断中，他提出："文化最好不要被视为一套复杂的行为模式——风俗、习惯、传统……而是应该作为一种控制机制——计划、方法、命令（在计算机工

---

① Marek Randell, Stephan Lewandowsky, "Book Review: Cognition in the Wild", *Applied Cognitive Psychology*, 1999, 10 (5), pp. 456 – 457.

程师那里称为'程序')——来控制人们的行为。"① 吉尔兹讨论了以文化历史进路为中心的联结人工媒介的观念的方式。"文化的'控制机制'的观点源于对人类思想是社会的和公共的这一假设——其自然的发生地是院子里、市场上以及城镇的广场。思考并不包含'脑中所发生的',而是一种重要的象征——语言与手势、绘画、音乐、机械装置。"②

由此可见,文化具有回归和递归的双向作用,中介活动同时影响了环境和主体。文化人工物既是物质的,又是象征的,它们控制着个体环境与个体本身的交互作用。从这个观点来看,它们也是"工具",例如语言就是这种最广为人知的工具。认知与文化连接的核心观点是人们具身于环境中。在早期活动的沉淀中贮藏着学习、问题解决和推理。

总的来说,行动和文化是彼此依存的。文化与工具的使用共同决定了参与者理解世界的方式,学习工具首先要学习进入共同体和文化。这样,学习就是一个文化适应的过程。如果有机会能在情境中观察和实践某种文化的成员的行为的话,人们会学会行话、模仿行为、逐渐地遵从其规则来行动。这些文化实践通常是深奥和复杂的。人们从非常早期开始以致整个生涯,都在有意识或者无意识地适应着新的社会群体的行为和信念体系。

然而,哈钦斯对文化在认知过程中的意义的强调可能是出于人类学家所固有的基本视角,但是他并没有把文化对分布式认知的作用机制阐述清楚。以密克罗尼西亚的导航方式为例,如果说在没有现代导航工具的情况下船员仍然能完成导航这一认知目标的原因在于脑海里已有的原始航海知识,那么,是否可以说,在这个例子中文化认知就是分布式认知?因此接下来出现的矛盾是,分布式认知中的技术人工物将不再是一个必要因素,导航活动中的各个认知主体的复杂关联也将被忽略?而如果文化认知不是分布式认知,那么文化认知与分布式认知的区别体现在哪里?这些问题,在哈钦斯这里并没有得到回答。

其实这里出现混乱的原因在于,哈钦斯选取密克罗尼西亚的案例来论证文化对认知的影响并不合适。因为这种不同文化传统下的原始认知恰恰替代了分布式认知中技术进步的作用,似乎密克罗尼西亚的原始导

---

① Geertz, C. , "*The Interpretation of Culture*", New York: Basic Books, 1973, p. 44.

② Ibid. , p. 45.

航并不需要现代技术的支撑，从而使历史文化与技术升级对认知任务的实现形成了某种替代式的关系。而在上文已知的是，来源于文化历史进路、平行分布式处理和联结主义的分布式认知的含义并没有这种倾向。事实上，如果哈钦斯在同一个认知背景下并列的对文化影响和技术影响作出分析（这二者代表了时间和空间两个维度的作用），则不会出现上述状况。同时本书认为，毫无疑问，各种认知活动都离不开相应的文化背景，并且这一点是不可忽略的，但是，由于文化是一个含义丰富的概念，本身具有强大的概括性和基础意义，同时又难以简单还原，在认知过程中没有目的性，因此最好被理解为一种基本条件和背景。对分布式认知的考察最好更多地侧重于各个认知主体在认知任务的导向下形成的复杂的传播和交互作用关系。

第五节　几种认知进路的比较

从观点上看，和分布式认知最为接近的是延伸心灵假说，因为二者都在挑战将心灵局限于物理个体的传统理解；从认知结构上看，和分布式认知较为接近的是情境认知的观点，都将情境作为认知的根本影响因素。这种情境进路的解释强调的是研究者可以探索物理世界的特征，并在非必要时避免执行精神符号象征的操作。[1] 但情境认知没有承认人工物设计在研究者活动中的基本角色。而且正因为结构上的接近，使得分布式认知这一术语有时候并没有和情境认知这一术语的使用区分开来。例如，休伊特（Hewitt，1998）关于分布式知识建构原则的研究就没有界定"分布式"和"情境的"二者的区别。[2] 格里诺（Greeno，1996）将知识视为"在人群和环境中分布，包括物体、人工物、工具、书及其所包含其中的共同体"[3]。尽管他们将此称为"情境的"，但实际上与分布式认知的解释视角

① Scribner, S., "Studying working intelligence", In Rogoff, B., and Lave, J. (eds.), *Everyday Cognition: Its Development in Social Context*, Harvard University Press, Cambridge, MA, 1988, pp. 9 – 40.

② Hewitt, J. & Scardamalia, M., "Design principles for distributed knowledge building

③ Greeno, J. G., Collins, A. & Resnick, L., "Cognition and learning", In Berliner, D., and Calfee, R. (eds.), *Handbook of Educational Psychology*, Simon and Schuster Macmillan, New York, 1996, pp. 15 – 46.

十分趋同。

　　莱夫（Lave，1991）区分了情境进路的三种类型来澄清与分布式认知的关系。① 第一种情境认知称为"认知之和"（cognition plus），在这条进路的框架中，个体认知并没有受到挑战，但是社会因素已经作为对个体认知的许多影响中的一个新的因素而被纳入思考。莱夫所描述的认知之和的观点和分布式认知所反对的个体之和的观点在名称和概念上都十分相似。而且，它们和铂金斯（Perkins，1993）提出的"个人之和"② 所描述的人及其环境可以作为合适的分析单元这一观点也是近似的。这些立场并没有挑战当前信息处理心理学的原则，但是鼓励了对可能影响个体认知的额外因素的探求。第二种情境认知称为"解释性的"（interpretative），情境位于语言或者社会交往中。没有可以独立于个体建构的世界存在，而且其意义也体现于商谈性的社会交往中。这里的"情境"一词不是物理意义上的，而是社会意义上的。第三种情境认知称为"情境性社会实践"（situated social practice），这与"唯社会"的立场相似。学习是人们"在一个社会的和文化建构的世界中并与这个世界一起参与活动的一种联系。"认知位于持续活动的历史发展中。莱夫所说的"情境性社会实践"以及萨拉蒙所描述的分布式认知原则，即认知是一种不可回归的社会现象，也是相似的。

　　不难看出，分布式认知和情境认知最明显的相似之处在于，都将社会因素和情境因素纳入认知考察的对象。不同的是，分布式认知比情境认知走得更远。分布式认知不仅承认情境的必要性，而且在分析了情境与认知的交互作用的基础上，不再将情境作为认知的背景或对象，而是把情境作为认知的一部分来对待。

　　情境认知、具身认知、延伸心灵和分布式认知可以被形象地描述为SEED（Situated、embodied、extended、distributed cognition）进路，来综合表示当前认知科学发展的新方向。这几条进路之间的关系是部分重叠

---

① Lave, J., "Situating learning in communities of practice", In Resnick, L. B., Levine, J. M., & Teasley, S. D. (eds.), *Perspectives on Socially Shared Cognition*, American Psychological Association, Washington, 1991, pp. 63 – 82.

② Perkins, D. N., "Person – plus: A distributed view of thinking and learning", In Salomon, G. (ed.), Distributed Cognitions: *Psychological and Educational Considerations*, Cambridge University Press, NewYork, 1993, pp. 88 – 110.

的。典型的相似之处是，它们都不再囿于传统认知主义的把认知囿于个体的头脑中的观点，而是强调环境对认知构建的重要性。而且，这几种进路在对认知的理解上的关系是逐步递进的。

首先，在情境认知这里，通过可供性、合法的外围参与来表明认知是如何的受到情境的影响，也就是说，走出了内在主义的约束而把情境作为认知的背景和基本条件，但是尚未进一步的看到情境对认知的耦合的、不可分割的影响及其作用方式。具身认知同样在消解内在主义的影响，这首先迈出的一步将认知过程和认知能力从单一的大脑内活动走到了整个身体的认知，关注身体运动与神经组织的关联进而与认知活动的整体性，认为身体是完成认知任务的必不可少的一部分。延伸心灵的假说受到了极大的关注，因为和上述进路相比更进一步的是，它试图消除颅骨的界限，将心智（而不是大脑或者认知活动）放到一个更广阔的空间中，这种以心智的延伸为核心主张的观点尽管受到了长时期的质疑，但其实仍然是用一种激进的方式在某种意义上表明了认知的系统性。

分布式认知则克服了用心智作为研究对象的起点的问题，而以认知过程和认知系统为分析对象，将认知视为由头脑内外的事物在文化实践的过程中共同耦合而完成，因此是上述各条认知进路的一个综合。分布式认知的提出已有15年的历史，在当前的国际研究中，既有对分布式认知及相关概念的理论层面的进一步总结和澄清，也在近年来将这一理论视角运用于具体的认知情境中的实践。因此，它不但得到了认知科学各个学科普遍的接受和重视，而且被更为广泛的作为研究视角和框架。可以说，关于分布式认知的这一场运动，正处于一个跨传统和跨学科的多产时期。而这一理论在哲学上的意义，则是将分离的认知结构和社会结构整合在一起。

第 六 章
认知结构与社会结构

第一节　认知结构

认知结构的概念最早出现于心理学，在皮亚杰的认知发生心理学中，他认为儿童的智力就是一种认知结构，儿童在认识过程中，智能的发展和思维的变化过程同时也是认知结构不断更新的过程。皮亚杰认为，认知结构包括图式（schemas）、同化、顺应、平衡四个要素，这四个要素的协调构成了认知结构的发展。

其中，图式就是被内化的动作，是个体经过组织而形成的思维以及行为的方式。平衡是认知得以发生的主要机制，即认知结构与认知环境之间形成的匹配关系。当个体遇到的情境与已有的设想不相匹配时称为不平衡状态，这是对个体有利的，因为可以通过从不平衡到平衡，而达到认知的效果。

同化是指在认知过程中新信息被整合到认知个体原有的认知结构中，形成了平衡，而如果需要对个体原有的认知结构进行重组来适应新的环境的话，就发生了顺应过程，达到高一层次的平衡。认知个体通过同化和顺应来维持有机体生存的认知机能，是个体对外部进行信息加工的方式。

同化与顺应既相互对立，又相互依存。在认知的动态过程中，通过同化或顺应来使认知状态从不平衡进入平衡，即外部信息进入原有认知结构进行加工处理。如果原有认知结构足够有效，则外部信息就被原有认知结构同化，使原有认知结构得到发展并形成平衡状态。如果外部信息不能被原有认知结构同化，则出现不平衡状态，因此个体选用顺应的机制在新建认知结构和原有认知结构之间进行新的建构和整合来吸纳新的信息，产生新的平衡，而使认知结构得到发展。因此认知发展的两种机能既包括适应，也包括建构。

　　布鲁纳首次详细地界定了认知结构的概念。他认为，所谓认知结构是指个体对外界事物进行感知、概括的一般方式或经验所组成的观念结构，是人们关于现实世界的内在的编码系统（Coding system），是一系列相互关联的、非具体性的类目，是人们用以感知外界的分类模式，是新信息借以加工的依据，也是人们的推理活动的参照框架。[①] 其关键内容就是"一套感知的类目"；学习的结果是形成与发展认知结构，即形成各学科的类别编码系统。

　　奥苏伯尔认为，认知结构的实质是个体头脑中已经形成与分得，按层次组织起来的，能使新知识获得意义的概念系统；通过学习者亲自发现或者接受的方式获得新知识，并将新知识与头脑中已有的认知结构进行积极的相互作用，使新知识获得心理意义，已有的认知结构得到扩充或者改变。也就是说，认知结构是个体关于某个知识领域的所有概念及其组织方式。

　　而在人类学 20 世纪 70 年代的研究中，认知结构除了被称为认知图式，还被称为认知稿本。米德（Mead）用心智影像（Mental imagery）来作为认知结构的象征性变量。影像是一种认知的编码经验，在记忆中可用于回忆。它的功能是组织知觉过程，来产生对行动的刺激并指导行动来实现。影像既是个人的又是社会的：影像通过普通经验成为集体意识的一部分而形成，但是影像经常被个人经验详细阐述而因此不能同样的在行动者间跨越。影像的观点揭示了个人认知功能的基本的社会属性，强调了为什么特定的图像和图式会形成，为什么有些图像在给定的情境中产生，而有些则不能产生。影像还强调认知的交互维度。例如，我们如何推断他人接受我们的图像作为一个连贯的框架。而且，对影像的强调还扩展了认知的领域而超出了逻辑或者语法的结构，证明了认知并不是一直有秩序的。简而言之，米德关于影像和心智的观点促进了对文化、历史、政治因素的考察，是这些因素刻画了心理层面上的功能。

　　综上所述，认知结构即指个体对外部世界进行信息处理与加工时的内部认知图式与过程，是个体通过各种认知活动所形成的对于外部信息的特点及其相关关系的心理表征，其实质是由心理活动的机制所驱动的。这

---

　　① 张国仁、杨金花：《认知结构的概念形成及其理论发展探索》，《吉林省教育学院学报》2008 年第 2 期。

样，认知结构主要是从个体的角度出发，考察个体内部在与外部世界进行认知活动时的内部知识图式。然而，外部世界究竟是如何参与建构认知结构的，社会结构在认知结构中起到何种作用，并没有在这种内部化考察中得到分析。

第二节　社会结构

和认知结构对应的就是社会结构，社会结构是指将社会作为一个整体的模式化的社会安排，并同时决定了个体在参与到这个结构的社会化过程中的行动。社会结构强调的是社会根据不同的功能、意义和目的而被结构化的分成不同的群体或者角色。例如，社会分层就指社会根据社会系统中的隐含结构而被分成不同的层级。在不同的社会学领域，社会结构的含义有所不同。从宏观层面看，它可以指代社会分层系统，例如等级结构、社会制度等，或者指在大型社会群体之间的模式化关联。在中观层面，是指个体或组织间社会网络的维系结构。在微观层面，它是指社会系统内用以约束行动者的行为准则的方式，是社会生活基本要素之间的联系模式。

欧洲的学者提出了一个关于认知结构的更为集体性的视角社会表征（social representations）[1]，这来自涂尔干关于集体表征（collective representations）的观点。社会表征包含一系列源于日常生活个体间交流中的概念、陈述和解释，其社会性的特点是：（1）社会表征在一个文化群体中共享，这些结构超越了（transcend）个体内部和个体之间的认知区分。它们为区别社会群体提供了一个理论基础，共享表征的人们在某种程度上对于理解和评估有一致意见。（2）社会表征是和交流过程联系起来的，它们通过社会交互作用而被创造和改变，比如日常谈话。因此知识并不是一个关于事实的百科全书，而是一个认识的过程，表征是对所表示的知识在处理和执行上的结构。（3）表征是交流必需的编码。只要人们共享表征，他们就会理解其他人在说些什么，换句话说，表征允许理解。

当代的社会学关于社会认知的进路，在个体与社会的联结中增加了情境、集体、动力学等要素。这些视角将社会结构投射为知识通过模式化

① Judith A. Howard, "A Social Cognitive Conception of Social Structure", *Social Psychology Quarterly*, *Special Issue*：*Conceptualizing Structure in Social Psychology*, 1994, 9, pp. 210 – 227.

的、习惯的、特定情境和持续的准备和交互作用而产生和确认。这些社会信念系统容易通过交互作用和社会情境的转移而重组，因此是一种有弹性的社会结构。

近年来，这种社会性的行为引发了持续性的关注。例如各种成年人问题解决的分布情境①，或者成人与幼儿的协作②，机舱飞行员与空中交通管制员在着陆时的工作交往③等。集体工作成为组织生活的基础，依赖于团队工作的组织对环境的要求越来越高。

在一项关于多学科工作组的复杂问题处理活动中④（Derry，DuRussel，& O'Donnel，1998），组织中的工作组面对着同一个主题：建立一个共同的参考框架，消除理解的差异，协调个体和集体行动的主题来达到共同的理解。因此协作就是一个构建和维持对问题的共享概念的过程。与之相伴的是，集体认知被视为理解有效的集体工作的一个中心主题，为个体行动的协调以及集体进一步的交流和行动提供了基础。

德里（Derry，1998）考察了科学教育国家学院（NISE）一项跨学科的协作，来理解集体认知是如何驱动了智能增长和成果的产出。NISE 的一个主要策略是通过跨学科工作组来增强科学、数学、工程和技术教育等各学科的交流。在这个组织内，专家来自各个学科，共同研究重要的主题和提案，执行和目标有关的项目，并有一个说服基金委的需求。

这个工作组被视为一个活动的、进化的共同体，这在很大程度上是由他们的实践以及所使用的工具来界定的。实践是指被具体的或者模糊的规

① Lave J., Murtaugh M., Rocha O de la, "The dialectic of arithmetic in grocery shopping". In: Rogoff B., Lave J. (eds) *Everyday cognition: its development in social context*, Harvard University Press, Cambridge, 1984, pp. 127 - 159

② Eckerman CO, Didow SM, "Toddlers' Social Coordinations: Changing Responses to Another's Invitation to Play", *Development Psychology*, 1989, 25, pp. 794 - 804.

③ Hutchins E., "How a cockpit remembers its speed", *Cognition Science*, 1995, 19, pp. 265 - 288. Hutchins E., Klausen T., "Distributed cognition in an airline cockpit", In: Middleton D., Engstrom Y. (eds) *Communication and cognition*, Cambridge University Press, Cambridge, 1996, pp. 15 - 34.

④ Derry, S. J., DuRussel, L. A., & O'Donnell, A. M., "Individual and distributed cognitions in interdisciplinary teamwork: A developing case study and emerging theory", *Educational Psychology Review*, 1998, 10, pp. 25 - 56.

则与制度所约束的集体活动。工具包括有形的工具，如明确的和技术化的语言、计算机系统，以及无形的工具，如共享的概念和语言习惯等等。在更广阔的文化、制度和物理的情境下，工具形成和限制了集体功能的发展。事实上，集体思想的大部分以及工具都是具有演化历史的文化的和制度的人工物。

在这个集体中，语言和知识的发展在一定程度上是由"商谈"驱动的。商谈是必不可少的，因为不同的个体将自身的认知历史带到集体中，这些独有的视角会使成员以明显不同的方式理解和解释工作问题。商谈描述了交流过程，有助于将语言与理解整合起来。商谈通常出现于小组成员发现"共同的声音"（common voices）的时候，这指的是在某种程度上由不同学科文化的小组成员所共享的视角和语言。

小组成员们在工作的早期阶段就开始寻找"共同的声音"。一个方法是发现能用来代表集体的观点。例如，物理学和社会学的学者发现他们对实验控制的理解存在基本背景上的差异，某个概念对他们的经验来说就像是实验研究的读者和设计者，因此他们对实验控制的理解非常不同。然而这个新出现的群体的跨学科实践需要在一个特定情境下达成对概念的理解。这样，一个实验控制的特定的概念化将在跨学科工作组的情境下进行商谈。从这个意义上讲，语言和思维是处于情境中的。

"共同的声音"意味着某个学科的视角被认为是强于其他学科的。这种不平等的状况促成了某个学科的出现，因为研究问题本身就与某个学科的关联更强，这样早期的商谈就采用了认知学徒身份的形式，由对该领域熟悉的人来教导。这种学徒式的认知阶段将认知发展描述为一个共同体中参与者逐渐增长的过程。但是，经典的认知学徒式模型在跨学科工作组这里是有缺陷的，因为跨学科的问题解决所期望的结果并不应该被一个单一的主导视角所同化。如果跨学科的研究受益于拿到桌面上的多种视角，那么所有的视角都应该有足够的地位，因此一个分布式的多维度导师制和学徒制将是必要的。

但是，当社会结构作为一种认知组织的时候，认知结构是如何在个体和社会群体的社会结构中被贯彻的并没有得到解释。也就是说，在认知结构与社会结构分离的情况下，社会认知是如何可能的？社会组织将如何思考、分析和存储？外部社会结构如何成为个体行动者认知结构的一部分？社会行动者的认知结构将如何重组和影响社会结构？

第三节　整合与还原——在分布式认知这里

对上述问题作出回答的就是分布式认知理论。关于社会性分布式认知的观点最早由罗伯特（Robert，1964）提出①，在哈钦斯的工作基础上，这种观点渐渐成为了一个新的研究趋势，即关注社会的认知属性，并将社会组织自身作为认知结构的形态。盖恩斯（B. R. Gaines）提出，劳动分工加强了专业化，允许每个个体发展其他个体没有的专业技术。这使集体可以克服个体认知的局限，并积累更多的知识。② 吉尔伯特（M. Gilbert）在讨论集体意向性问题时，曾经将集体目标作为集体得以形成的一个有效的要素，她强调，作为共同行动基本条件的目标，不是指参与者个人的目标，而是属于特别的多元主体成员所有，同时这个作为多元主体的目标是为所有参与者可见的。③ 类似的，在自组织代理群体中，也需要一个合作的行动主题。有主题就会有分工，而平行的分布式任务决定了代理间的劳动分工任务。这都是群体认知有别于个体认知的特征。这是"一个复杂的功能性系统，由许多同时发生的协调的媒介所组成"④。

上文已经表明的是，对认知的考察如果还以个体为单位来进行延伸的话，将摆脱不了个体主义或者内在主义的影子，仍然保持着认知结构与社会结构分离的状况。而在分布式认知这里，已经得到证明的是，认知任务伴随着比个体大脑更广阔的实体，比如整个身体以及工具、共同任务参与者的共同体等，认知过程是以系统的方式展开的，只能从系统论的视角来考察。

实验室研究所采用的理论进路就借用了分布式认知中的社会结构的观点，将分布式认知理解为"学习、思考和所知在人们的活动中有所关联，

---

① Roberts, J., "The self-management of culture", In *Explorations in Cultural Anthropology*: *Essays in Honor of George Peter Murdoc*, W. Goodenough, Ed. McGraw-Hill, London, UK. 1964, p. 433.

② Gaines, B. R., "The Collective Stance in Modeling Expertise in Individuals and Organizations", *Expert Systems*, 1994, 71, pp. 22-51.

③ 于小涵、丛杭青：《集体何以可能——吉尔伯特多元主体哲学理论评述》，《自然辩证法研究》2008年第6期。

④ Hutchins, E., *Cognition in the Wild*, The MIT Press, 1995, p. 288.

而且还与社会的以及由文化建构的世界联系在一起"①。按照分布式认知的"唯社会"（social - only）视角来看，认知应该被理解为一种社会现象。社会过程被认为是认知的，并不能被还原到个体心理学的建构上来。如果不考虑社会和文化的方面，认知的观点将是不完整的。当它被作为纯粹心理现象来研究时，认知就被根本地扭曲了。

分布式认知依靠的是功能性整合系统的观点，认为系统既有计算的属性，又有社会的属性，学习是在一个复杂系统中的适应性再组织。② 这样，对于将认知看做是一个理解人类经验的基本部分的观点以及认为关注集体行为是一个理解情境的问题的观点来说，分布式认知提供了一个整合认知结构和社会结构的两种对立视角的方式。

例如，在哈钦斯所观察的导航过程中，罗盘指针通过指示来用于存储关于方向的信息，照准仪用于量化方向，还有一队在船上不同位置的水手在左舷确定船舰的方位。这样，学习一个任务包括"有序的功能性属性通过一系列延伸的媒介来逐渐地传播"③。以陆标确认为例，"当方位接收员发现陆标时，我们能想象在陆标名字和陆标描述的记忆之间有着相互协作，即假设一个理想陆标的描述状态，然后使之与包含陆标本身的某些视觉图像相结合，然后罗经刻度盘的定位十字线也被叠加在其上。所有这些相互之间结合在一起，这种结合在罗经刻度盘上产生了在所指示方位中被读取的表征状态。在此我们有了两个外部结构（视觉图像和定位十字线）与一个内部结构（陆标描述）的相互结合，这是两个内部结构（陆标名字和对陆标描述的记忆）相互作用的结果"④。

这个过程会受到其他人行为的限制或者受限于自身的任务执行。每个网络与另一网络的交流通过从其自身的某些单元个体传递活跃性到另一个网络中与之相符的单元个体。交流网络系统的单元个体之间互相联结的模式决定了每个网络中哪些单元个体传递活跃性到与它们相符的其他网络系统中的单元个体。这使网络系统能够彼此相互交谈，而且每一个联结还有时间因素的影响。共同体以和个体相同的方式来学习和改变他们的认知

---

① Lave, J. & Wenger, E., *Situated Learning*: *Legitimate Peripheral Participation*, Cambridge University Press, Cambridge, UK, 1991.

② Ibid., p. 289.

③ Ibid., p. 312.

④ Hutchins, E., *Cognition in the Wild*, The MIT Press, 1995, p. 158.

属性。

在导航活动中，"个体观察者的程序步骤里面的计算趋势是作为小组团队内部的个体之间的依赖而展现出来的"①。认知过程包括信息传播和转换的流动轨道，因此这些信息轨迹的模式就反映了某种潜在的认知结构。这样，社会组织，包括活动情境的结构很大程度上决定了信息在社会组织和群体间流动的方式，因此自身也被视为认知结构的某种形态。这就是分布式进路的基本假设之一，交流本身是一个认知过程。

如果把认知宽泛地界定为一个系统中的信息流，那么，认知分析就以信息沿着交流系统中每个成员的轨道来开展。因此，传统认知界限就要扩展到不仅仅包括发生在个人大脑中的不可见的认知过程，还要包括在交互作用过程中可见的物质和行动。这组成了信息流的"媒介"。在实践中，分布式分析对聚焦于要素间及要素与环境间的媒介变化给出了情境意义上的解释。从这个视角看，许多认知显而易见都是参与者的适应。也就是说，研究者们实际观察的认知事件是以动力的和社会过程的方式来运作的。

哈钦斯说："将问题置于功能系统的弹性组织首先意味着从一个非常不同的起点来研究认知问题。这需要关于认知的不同观点，并需要关于认知的模型可以执行各种各样的计算。"② 分布式认知关注的首先是认知分析单元的边界，传统关于认知边界的观点是以个体为界，分布式认知则以认知过程为界限，无论认知发生于何处，都基于参与认知过程的要素间功能性的联系。比如许多小型的社会技术系统——如船桥、驾驶机舱都可以作为分析单元。在分布式认知中，系统可以动力地将自己配置到次一级系统中，协作完成各种不同的目标。由此，认知过程的划界是由参与活动的各要素间功能性的关系决定的，而非由要素的空间关系来决定。

拉图尔对此解释道，分布式认知反复提及的一个关键现象就是，认知与心智或个体都无关联，认知是通过不同媒介的表征现象的传播。这意味着我们不需要根据精神或者个体的活动，而是沿着一条逐步修正的表征的

---

① Hutchins, E., *Cognition in the Wild*, The MIT Press, 1995, p. 282.
② Ibid. p. 291.

轨迹来观察认知活动。这种既是个人也是社会的认知过程，发生在"与表征媒介协调起来的动力系统的地方性适应中"①。也就是说，在哈钦斯看来，"我想"与"我说"都是没有意义的。例如，海图自身是不能观察的，但是当群体试图确定视域的特征时就要符合海图上的特征。我们问一个测绘员的心智是没有意义的，而要观察他如何与不同的媒介协调：如左舷罗盘操作员的定位报告、海图上的编码、船长的命令等。

这样，分布式认知的观点比维果斯基的历史文化进路更具意义的是，它更为关注媒介而非心智事件，通过这种对媒介人工物的积极观点，以及关于技能分布式的传播，它将领域延伸到了内部现象：认知过程不是内部的，而是部分的和暂时的内在化的，表征是在交往中发展的。在集体中，所有代理间的交互作用的循环经过足够多的次数后，就产生了关于共享概念及其表达的"一致同意"，新颖的共享概念通过交流而自组织化，类似于吉尔伯特所提出的"共同承诺"②。这些模型因而提供了对集体意向性的最初解释：即将其视为分布式的、自组织的过程。

分布式认知并不研究任何特定的认知规律，而是一条对认知研究的概括性进路，是看待认知活动的一种方式，而非一种特殊的认知类型③。它假设认知过程总是以某种程度分布的，并将所有的认知活动都纳入其中。各种可能发生的认知过程，无论发生在哪里，都以参与该过程的各要素间的功能性联系作为基础从而形成系统。在哈钦斯看来，当传统观点在探求发生于个人行动者操纵下的认知事件时，分布式认知则在研究认知事件的更广阔的层次。这意味着一个共同工作的一群人是一个分布式认知系统。认知分布在大脑、身体和文化组成的世界中；个人和物质工具一起工作也是一个认知系统。尽管分布式认知的起源是出于对复杂认知任务的处理，但是引发的结论最终可以用于普遍的认知活动。

这就是人类认知的基本方面，并不能整合进单独的个体心智的视

---

① Janet Keller, "Review Symposium: Cognition in the Wild", *Mind, Culture, and Activity*, 1996, 3 (1), pp. 46 – 50.

② 于小涵、丛杭青：《集体何以可能——吉尔伯特多元主体哲学理论评述》，《自然辩证法研究》2008 年第 6 期。

③ Hollan, Hutchins, Kirsh. "Distributed Cognition: Toward a New Foundation for Human – Computer Interaction Research". *ACM Transactions on Computer – Human Interaction* (*TOCHI*) Archive 2000, 7 (2): pp. 174 – 196.

角中。不可否认的是，认知系统的活动要探寻认知结构和社会结构，因而是多要素相关和复杂的。许多认知不仅仅存在于头脑中，还在技术和人工物的发展中，甚至可以说，认知系统存在于我们生活的所有层面中。

"由于社会与个人心智相比，有不同的结构和不同的交流属性，因此可能具有心理之间的功能，而这不可能内在化于任何一个个体上。"① 内在化的认知恰恰与内部认知相反。"内在化一直暗示着有某种东西移动跨过了边界。这种界定的所有要素都是误导的。所移动的不是某个事情，而且移动发生时所跨越的边界如果太严格，会使我们对人类认知本性的理解变得模糊。在这个更大的分析单元内，看上去内在化的东西现在具有功能化的属性并跨越一系列有延展性的媒介来逐步的传播。"② 正如内在化的认知重新格式化了任务的方式那样，它们就不再是那些外部的任务，也不是精神事件的执行，社会组织再一次修正了表征媒介。

这个激进的观点表明，除了持续的与外部相同的过程之外，个体内的东西都没有了，个体只是作为认知系统的一个环节而存在的。当然，拉图尔并不认为这仅仅是心理学的社会化，因为所探讨的主题还是完完全全的认知，只不过是一种分布式的、实体化的和传播的认知。

通常的认知主义是把社会认知还原到个体认知上面去，而社会建构论则是把个体认知还原到社会认知上去。其实，这二者是不可穷尽还原的，而是都有存在的余地，彻底的还原主义是行不通的。这并不是说建构论或者认知主义出现了什么错误，它们各自都是某种层面上的一定成熟的结论。但是与此同时，两个结构如何在某些地方向对方敞开，就有一个互动和构成的渗透问题。分布式认知系统可以用来作为这二者之间的桥梁，从而试图来打破原来封闭的认知结构，并在实际上还将一直延伸到社会结构和文化结构中。

不难看出，对认知系统性的研究很大程度上是从认知科学的领域回应人之存在的内在的社会性，它再次凸显了人的个体性和社会性这对范畴在揭示认知结构与社会结构关系时的互补与冲突。应该看到，这两个概念的合理性和必要性皆有其限度，然而我们仍然认为它们之间是不可彼此还原

---

① Hutchins, E., *Cognition in the Wild*, The MIT Press, 1995, p. 284.
② Ibid. p. 312.

和相互取代的。正因此，个体和环境在认知分析中有必要保持各自的独立性，而同时必须谨记的是，此二者的独立性又必须在彼此耦合所构成的系统中才有意义。

参考文献

中文部分

1. E. 迪尔凯姆：《社会学方法的准则》，狄玉明译，商务印书馆 1995 年版。

2. F. 瓦雷拉：《具身心智：认知科学和人类经验》，李恒威等译，浙江大学出版社 2010 年版。

3. 班杜拉：《思想和行动的社会基础——社会认知论》，林颖等译，华东师范大学出版社 2001 年版。

4. 蔡曙山：《20 世纪语言哲学和心智哲学的发展走向——以塞尔为例》，《河北学刊》2008 年第 1 期。

5. 陈波、韩林合：《逻辑与语言》，东方出版社 2005 年版。

6. 陈嘉映：《语言哲学》，北京大学出版社 2003 年版。

7. 陈俊：《社会认知理论的研究进展》，《社会心理科学》2007 年第 1—2 期。

8. 陈英涛：《当代英美知识论中的内/外在主义之争：历史与现状》，《厦门理工学院学报》2006 年第 4 期。

9. 陈真：《心身问题和塞尔的生物自然主义》，《自然辩证法研究》2009 年第 12 期。

10. 程邦胜、唐孝威：《意识问题的研究与展望》，《自然科学进展》2004 年第 3 期。

11. 程炼：《第一人称哲学的局限》，《论证》第一辑，辽海出版社 1999 年版。

12. 迟希新：《试析人类认知结构的基本组成与功能》，《呼伦贝尔学院学报》1999 年第 2 期。

13. 戴维·迈尔斯：《社会心理学》，张智勇、乐国安、侯玉波等译，人民邮电出版社 2006 年版。

14. 费多益：《人工意识是否可能》，《自然辩证法研究》2005 年第 7 期。

15. 傅小兰：《表征、加工和控制在认知活动中的作用》，《心理科学进展》2006 年第 14 期。

16. 高新民、沈学君：《人工智能的瓶颈问题与意向性的"建筑术"》，《科学技术哲学研究》2009 年第 6 期。

17. 高新民、沈学君：《心灵就是大脑内的计算机——福多的心灵哲学思想初探》，《华中师范大学学报》（人文社会科学版）2003 年第 6 期。

18. 高新民、汪波：《反个体主义及其宽心灵观》，《自然辩证法研究》2009 年第 2 期。

19. 韩玉昌、赵娟：《皮亚杰对当代社会认知研究的影响》，《心理科学》2003 年第 5 期。

20. 何丹、陈群：《意义在不在头脑中——略论普特南的语义外在论》，《自然辩证法研究》2009 年第 4 期。

21. 贺颖、陈士俊：《认知结构在知识管理中的转变》，《情报科学》2006 年第 12 期。

22. 洪波、汪祥胜：《分类与"社会整合"——与涂尔干的隐匿对话》，《哲学动态》2008 年第 10 期。

23. 黄锦章：《语言研究和认知人类学——世纪之交的认知科学》（一），《上海财经大学学报》2002 年第 4 期。

24. 焦秋生：《认知结构的表征与建构》，《山东师范大学学报》（人文社会科学版）2004 年第 6 期。

25. 鞠鑫：《认知结构理论研究述评》，《四川教育学院学报》2008 年第 6 期。

26. 李恒威、黄华新：《"第二代认知科学"的认知观》，《哲学研究》2006 年第 6 期。

27. 李恒威、黄华新：《表征与认知发展》，《中国社会科学》2006 年第 2 期。

28. 李恒威、盛晓明：《认知的具身化》，《科学学研究》2006 年第 4 期。

29. 李恒威、王小潞、唐孝威：《表征、感受性和言语思维》，《浙江大学学报》（人文社会科学版）2009 年第 5 期。

30. 李恒威、肖家燕：《认知的具身观》，《自然辩证法通讯》2006 年第 1 期。

31. 李恒威：《意识经验的感受性和涌现》，《中共浙江省委党校学报》2006 年第 1 期。

32. 李其维：《"认知革命"与"第二代认知科学"刍议》，《心理学报》2008 年第 12 期。

33. 李强：《社会分层十讲》，社会科学文献出版社 2008 年版。

34. 李淑英：《涉身理性：自然化认识论的发展契机》，《自然辩证法通讯》2009 年第 4 期。

35. 凌纯声、林耀华：《20 世纪中国人类学民族学研究方法与方法论》，民族出版社 2004 年版。

36. 刘世风：《科学即文化：拉图尔科学实践观的人类学分析》，《浙江师范大学学报》（社会科学版）2009 年第 2 期。

37. 刘文旋：《社会、集体表征和人类认知——涂尔干的知识社会学》，《哲学研究》2003 年第 9 期。

38. 刘西瑞：《表征的基础》，《厦门大学学报》（哲学社会科学版）2005 年第 5 期。

39. 刘晓力、孟伟：《交互式认知建构进路及其现象学哲学基础》，《中国人民大学学报》2009 年第 6 期。

40. 刘晓力：《计算主义质疑》，《哲学研究》2003 年第 4 期。

41. 刘晓力：《科学知识社会学的集体认识论和社会认识论》，《哲学研究》2004 年第 11 期。

42. 刘晓力：《延展认知与延展心灵论辨析》，《中国社会科学》2010 年第 1 期。

43. 龙君伟：《论社会认知理论中的建构特征》，《华东师范大学学报》2005 年第 2 期。

44. 罗姆·哈瑞：《认知科学哲学导论》，魏屹东译，上海科技教育出版社 2006 年版。

45. 彭兆荣、吴兴帜：《作为认知图式的"地方"》，《北方民族大学学报》2009 年第 2 期。

46. 任晓明、李旭燕：《当代美国心灵哲学研究述评》，《哲学动态》2006 年第 5 期。

47. 萨伽德·P.：《认知科学导论》，朱菁译，中国科学技术大学出版社 1999 年版。

48. 塞尔·约翰：《心、脑与科学》，杨音莱译，上海译文出版社 2006 年版。

49. 塞尔·约翰：《心灵、语言与社会》，李步楼译，上海译文出版社 2006 年版。

50. 塞尔·约翰：《自由与神经生物学》，刘敏译，中国人民大学出版社 2005 年版。

51. 塞尔：《心灵的再发现》，王巍译，中国人民大学出版社 2005 年版。

52. 塞尔：《意向性论心灵哲学》，刘叶涛译，上海人民出版社 2007 年版。

53. 盛晓明、李恒威：《情境认知》，《科学学研究》2007 年第 5 期。

54. 盛晓明：《话语规则与知识基础——语用学维度》，学林出版社 2000 年版。

55. 斯滕伯格：《认知心理学》，杨炳钧等译，中国轻工业出版社 2006 年版。

56. 泰勒：《原始文化》，连声树译，上海文艺出版社 1992 年版。

57. 汤丰林：《分布式认知：认知观的革命性转变》，《北京教育学院学报》2008 年第 5 期。

58. 唐热风：《个体论与反个体论》，《哲学动态》2000 年第 12 期。

59. 田平：《符号计算主义与意向实在论》，《北京师范大学学报》（社会科学版）2005 年第 6 期。

60. 田平：《关于自我知识权威性的再思考》，《自然辩证法研究》2009 年第 11 期。

61. 田平：《自然化的心灵》，湖南教育出版社 2000 年版。

62. 王丽慧、张君：《从语言到心智：认知人类学的理论进展》，《自然辩证法通讯》2008 年第 4 期。

63. 王铭铭：《西方人类学名著提要》，江西人民出版社 2006 年版。

64. 王铭铭：《西方人类学思潮十讲》，广西师范大学出版社 2005 年版。

65. 韦伯：《社会科学方法论》，韩水法译，中央编译出版社 2008

年版。

66. 魏巍、郭和平:《关于系统整体涌现性的研究综述》,《系统科学学报》2010 年第 1 期。

67. 魏屹东:《认知科学哲学问题研究》,科学出版社 2008 年版。

68. 吴宗杰、姜克银:《中国文化人类学的话语转向》,《浙江大学学报》(人文社会科学版)2009 年第 5 期。

69. 叶立国:《系统科学范式研究述评》,《系统科学学报》2009 年第 4 期。

70. 俞国良、刘聪慧:《独立或整合:社会认知神经科学对社会心理学的影响与挑战》,《中国人民大学学报》2009 年第 3 期。

71. 郁峰:《环境、载体和认知——作为一种积极外在主义的延展心灵论》,《哲学研究》2009 年第 12 期。

72. 张今杰:《哲学的改造——阿佩尔认知人类学研究》,《自然辩证法研究》2004 年第 10 期。

73. 张静等:《社会认知的双重机制:来自神经科学的证据》,《中南大学学报》2010 年第 1 期。

74. 张铁山:《非缘身认知科学计算表征观——基于哲学和其他学科基础的考察与分析》,《学术论坛》2009 年第 7 期。

75. 张秀琴:《表征、情境与视角——古典知识社会学视野中的知识、社会与意识形态》,《辽宁大学学报》2004 年第 3 期。

76. 张之沧:《论身体认知的逻辑》,《自然辩证法研究》2010 年第 1 期。

77. 赵旭东:《人类学作为一种"文化的表达"》,《贵州社会科学》2008 年第 9 期。

78. 郑发祥、叶浩生:《文化与心理——研究维果茨基文化历史理论的现代意义》,《心理学探新》2004 年第 1 期。

79. 周国梅、傅小兰:《分布式认知——一种新的认知观点》,《心理科学进展》2002 年第 10 期。

80. 朱春燕等:《社会认知的神经基础》,《心理科学进展》2005 年第 4 期。

英文部分

1. Adams, F. , Aizawa, K. , "*The Bounds of Cognition*", Blackwell Publishing Ltd. , Oxford, 2008.

2. Adams, F. , Aizawa, K. , "The bounds of cognition", *Philosophical Psychology*, 2001, 14.

3. Aizawa, K. , Adams, F. , "Defending Non – Derived Content", *Philosophical Psychology*, 2005, 6.

4. B. Markman & Eric Dietrich, "Extending the classical view of representation", *Trends in Cognitive Sciences*, 2000, (12) .

5. Bateson, G. , *Steps to an ecology of mind*, *Ballantine Books*, NY, 1972.

6. Beer, R. D. , "A dynamical systems perspective on agentenvironment interaction", *Artificial Intelligence*, 1995, 72.

7. Berlin, B. , Breedlove, D. E. , & Raven, P. H. , "General principles of classification and nomenclature in folk biology", *American Anthropologist*, 1973, 75.

8. Brewer, M. , & Gardner, W. "Who is this 'we'? Levels of collective identity and self representation", *Journal of Personality and Social Psychology*, 1996, 71.

9. Bruner, J. , R. Olver, P. Greenfield, *Studies in cognitive growth: A collaboration at the center for cognitive studies*, New York: John Wiley and Sons, 1966.

10. Cetina, K. , "*Epistemic cultures: How the sciences make knowledge*", MA: Harvard University Press, 1999.

11. Clancey, W. J. , Soloway, E. , "Artificial Intelligence and learning environments", *Artificial Intelligence*, Amsterdam, 1990, 42 (1) .

12. Clark, A. , & D. Chalmers, "The extended mind", *Analysis*, 1998, 58 (1) .

13. Clark, A. , "An Embodied Cognitive Science?" *Trends in Cognitive Science*, 1999, 3 (9) .

14. Clark, A. , "Reasons, Robots, and the extended mind", *Mind and*

Language, 2001, 16.

15. Clark, A. , *Being There: Putting Brain, Body, and World Together Again*, Cambridge, Mass. : MIT Press, 1997.

16. Clark, A. , *Natural – Born Cyborgs: Minds, Technologies, and the Future of Human Intelligence*, Oxford University Press, Oxford, 2003.

17. Clark, A. , *Supersizing the Mind*, Oxford: Oxford University Press, 2009.

18. Clark, A. , "Memento's Revenge: the extended mind, extended", In: Menary, R. (Ed.), *The Extended mind.* MIT Press, 2010.

19. Cole, M. , *Cultural Psychology*, Harvard University Press, Cambridge, MA. Eick, S. G. , Steffen, J. L. , and Sumner, E. E. 1992. Seesoft—a tool for visualizing line oriented software statistics, 1992.

20. Cole, M. , and M. Griffin, "Cultural Amplifiers Reconsidered. In The social foundations of language and thought", *Essays in honor of Jerome Bruner*, edited by D. Olson, New York: Norton. 1980.

21. Crutchfield, J. , "Dynamical embodiments of computation in cognitive processes", *The Behavior and Brain Sciences*, 1998, 21.

22. D' Andrade, Roy G. *The Development of Cognitive Anthropology.* Cambridge: Cambridge University Press, 1995.

23. D'Andrade, R. G. , "The cultural part of cognition", *Cognitive Science*, 1981, 5.

24. De Le'on, D. "Building thought into things", In: Bagnara, S. (ed.), 3rd *European Conference on Cognitive Science*, Siena, Italy, 1999.

25. Derry, S. J. , DuRussel, L. A. , & O' Donnell, A. M. , "Individual and distributed cognitions in interdisciplinary teamwork: A developing case study and emerging theory", *Educational Psychology Review*, 1998, 10.

26. Devitt, M. , "A Narrow Representational Theory of the Mind" . , *Mind and Cognition*, Lycan, W. ed. Oxford: Basil Blackwell, 1990.

27. Eckerman CO, Didow SM. , "Toddlers' social coordinations: changing responses to another' s invitation to play", *Development Psychology*, 1989, 25.

28. French, R. M. & Thomas, E. , "The Dynamical Hypothesis in Cognitive Science: A review essay of Mind as Motion", *Minds and Machines*, 2001, 11 (1) .

29. Fussell, S. R. & Crauss, R. M. , "The effects of intended audience on message production and comprehension: Reference in a common ground framework ", *Journal of Experimental Social Psychology*, 1989, 25.

30. Gaines B. R. , "The Collective Stance in Modeling Expertise in Individuals and Organizations", *Expert Systems*, 1994, 71.

31. Gallese, V. , "A unifying view of the basis of social cognition" *MTrends in Cognitive Sciences*, 2004 (9) .

32. Geertz, C. , " *The interpretation of culture* ", New York: Basic Books, 1973.

33. Gibson, J. J. , "The theory of affordances ", In R. E. Shaw & J. Bransford (Eds.), *Perceiving, Acting, and Knowing*, Hillsdale, NJ: Lawrence Erlbaum Associates, 1977.

34. Giere, R. N. , "The Problem of Agency in Scientific Distributed Cognitive Systems", *Cognition and Culture*, 2004, 4.

35. Giere, R. N. "Distributed Cognition without Distributed Knowing", *Social Epistemology*, 2007, 3.

36. Giere, R. N. , "Distributed Cognition: Where the Cognitive and the Social Merge", *Social Studies of Science*, 2003, 2.

37. Giere, R. N. , "Discussion Note: Distributed Cognition in Epistemic Cultures", *Philosophy of Science*, 2002, 12.

38. Giere, R. N. , "The Cognitive Structure of Scientific Theories ", *Philosophy of Science*, 1994, 2.

39. Giere, R. N. , "How Models Are Used to Represent Reality", *Philosophy of Science*, 2004, 12.

40. Giere, R. N. , "A New Program for Philosophy of Science?", *Philosophy of Science*, 2003, 1.

41. Giere, R. N. , "No Representation Without Representation", *Biology and Philosophy*, 1994, 9.

42. Giere, R. N. , "The Role of Agency in Distributed Cognitive Systems", *Philosophy of Science*, 2006, 12.

43. Goldman, Alvin, " Group Knowledge versus Group Rationality: TwoApproaches to Social Epistemology", *Episteme: A Journal of Social Epistemology*, 2004, 1 (1) .

44. Greenberg, D. & Dickelman, J. , "Distributed Cognition: A Foundation for Performance Support", *Performance Improvement*, 2000, 7.

45. Greeno, J. G. , Collins, A. & Resnick, L. , "Cognition and learning", In Berliner, D. , and Calfee, R. (eds.), *Handbook of Educational Psychology*, Simon and Schuster Macmillan, New York, 1996.

46. Greeno, J. G. , " Gibson's affordances ", *Psychological Review*, 1994, 101 (2) .

47. Hazlehurst, B. , "Distributed cognition in the heart room: How situation awareness arises from coordinated communications during cardiac surgery", *Journal of Biomedical Informatics*, 2007 (40) .

48. Hewitt, J. , & Scardamalia, M. , "Design principles for distributed knowledge building processes", *Educational Psychology Review*, 1998, 10.

49. Heylighen, F. , & Joslyn C. ,"Cybernetics and Second Order Cybernetics", in: R. A. Meyers (ed.), *Encyclopedia of Physical Science & Technology* (3rd ed.) (4) , Academic Press, New York, 2001.

50. Heylighen, F. , "Collective Intelligence and its Implementation on the Web: algorithms to develop a collective mental map", *Computational and Mathematical Theory of Organizations*, 1999, 3.

51. Heylighen, F. , "Objective, subjective and intersubjective selectors of knowledge", *Evolution and Cognition*, 1997, 3.

52. Hollan, Hutchins, Kirsh, "Distributed Cognition: Toward a New Foundation for Human – Computer Interaction Research", *ACM Transactions on Computer – Human Interaction (TOCHI) archive*, 2000, 7 (2) .

53. Hutchins E. , Klausen T. ,"Distributed cognition in an airline cockpit", In: Middleton D. , Engstrom Y, (eds) *Communication and cognition*, Cambridge University Press, Cambridge, 1996.

54. Hutchins E. , "How a cockpit remembers its speed", *Cognition*

Science, 1995, 19.

55. Hutchins, E. , *Cognition in the Wild*, The MIT Press, 1995.

56. Hutchins, E. , *Culture and Inference*, Harvard University Press, Cambridge, MA, 1980.

57. Jacob, P. , & Jeannerod. M, "The motor theory of social cognition: a critique", *Trends in Cognitive Sciences*, 2005 (1).

58. John Sutton, "Representation, levels, and context in integrational linguistics and distributed cognition", *Language Science*, 2004, 26.

59. Judith A. Howard, "A Social Cognitive Conception of Social Structure", *Social Psychology Quarterly*, *Special Issue: Conceptualizing Structure in Social Psychology*, 1994, 9.

60. Kelso, J. A. S. , "*Dynamic Patterns: The Self – Organization of Brain and Behavior*", MIT Press, 1995.

61. Kimball Romney, Susan C. Weller and William H. Batchelder, "Culture as Consensus: A Theory of Culture and Informant Accuracy", *American Anthropologist*, 1986, 88 (2).

62. Kirsh, D. & Maglio, P. , "On distinguishing epistemic from pragmatic action", *Cognitive Science*, 1994, 18.

63. Lakoff G. , Johnson M. , *Philosophy in the Flesh: The Embodied Mind and its Challenge to Western Thought*, New York: Basic Books, 1999.

64. Lave J. , Murtaugh M. , Rocha O de la, "The dialectic of arithmetic in grocery shopping", In: Rogoff B. , Lave J. (eds) *Everyday cognition: its development in social context*, Harvard University Press, Cambridge, 1984.

65. Lave, J. & Wenger, E. , *Situated Learning: Legitimate Peripheral Participation*, Cambridge University Press, Cambridge, UK, 1991.

66. Lave, J. , "Situating learning in communities of practice", In Resnick, L. B. , Levine, J. M. , and Teasley, S. D. (eds.), *Perspectives on Socially Shared Cognition*, *American Psychological Association*, Washington, DC, 1991.

67. Lebeau, R. , "Cognitive tools in a clinical encounter in medicine:

Supporting empathy and expertise in distributed systems", *Educational Psychology Review*, 1998, 10.

68. List, C., "Distributed cognition: a perspective from social choice theory", In: Albert, Max and Schmidtchen, Dieter and Voigt, Stefan, (eds.) *Scientific competition: theory and policy*, Conferences on New Political Economy (25). Mohr Siebeck, Tübingen, Germany, 2008.

69. Luria, A. R., "The problem of the cultural development of the child", *Journal of Genetic Psychology*, 1928, 35.

70. Luria, A. R., *The making of mind.* Cambridge, MA: Harvard University Press, 1979.

71. Macfarlane, A., *"The psychology of childbirth"*, Cambridge, MA: Harvard University Press, 1977.

72. McNeese, M. D., Zaff, B. S., & Brown, C. E., "Computer – supported collaborative work: A new agenda for human factors engi – neering", *Proceedings of the IEEE National Aerospace and Electronics Conference*, Dayton, Aerospace and Electronic Systems Society, 1997.

73. Michael F. Yonng, Jonna M. Kulikowich & Sasha A. Barab, The unit of analysis for situated assessment analysis for situated assessment", *Instructional Science*, 1997, 125 (3).

74. Morgan, D. & Schwalbe M., "Mind and Self in Society: Linking Social Structure and Social Cognition", *Social Psychology Quarterly*, 1990 (6).

75. Nardi, B., *Context and Consciousness: Activity Theory and Human – Computer Interaction*, The MIT Press, 1996.

76. Nardi, B., "Concepts of cognition and consciousness: Four voices", *Journal of Computer Documentation*, 1998.

77. Newell, A., & Simon, H., "Computer science as empirical enquiry: Symbols and search", *Communications of the Association for Computing Machinery*, 1976.

78. Nick V. Flor and Edwin L. Hutchins, "Analyzing distributed cognition in software teams: a case study of team programming during perfective software maintenanc", In J. Koenemann – Belliveau, T. C. Moher, and

S. P. Robertson, editors, *Proceedings of the Fourth Annual Workshop on Empirical Studies of Programmers*, Ablex Publishing, Norwood, N. J. , 1991.

79. Norman, D. , "Cognitive Artifacts", In: J. M. Carroll Ed. *Designing Interaction: Psychology at the Human – Computer Interface* , Cambridge University Press, 1991.

80. Palmer, S. E. , "Fundamental aspects of cognitive representation", In E. Rosen & B. B. Lloyd (Eds.), *Cognition and categorization*, Hillsdale, NJ: Erlbaum, 1978.

81. Pea, "Practices of distributed intelligence and designs for education", In Salomon, G. (ed.), *Distributed Cognitions*, Cambridge University Press, New York, 1993.

82. Perkins, D. N. , "Person – plus: A distributed view of thinking and learning", In Salomon, G. (ed.), *Distributed Cognitions: Psychological and Educational Considerations*, Cambridge University Press, New York, 1993.

83. Pfeifer, R. and Scheier, C. , *Understanding Intelligence*, MIT Press, 1999.

84. Pylyshyn, Z. W. , "Situating vision in the world", *Trends in Cognition Science*, 2000, (4) .

85. Quartz, S. , & Sejnowski, T. , *Liars, lovers, and heroes: What the new brain science reveals about how we become who we are*, New York: William Morrow, 2002.

86. Menary, R. , "RAttacking the Bounds of Cognition", *Philosophical Psychology*, 2006 (3) .

87. Resnick, L. B. , " Shared cognition: Thinking as social practice", In L. Resnick, J. Levine, & S. Behrend (Eds.), *Socially shared cognitions*, Hillsdale, NJ: Erlbaum, 1991.

88. Roberts, J. , "The self – management of culture", In *Explorations in Cultural Anthropology: Essays in Honor of George Peter Murdoc*, *W. Goodenough*, Ed. McGraw – Hill, London, UK, 1964.

89. Rogers, Y. , "Distributed Cognition and Communication", *Encyclopedia of Language & Linguistics*, 2006.

90. Rogers, Y. & Ellis J., "Distributed Cognition: an alternative framework for analysing and explaining collaborative working", *Journal of Information Technology*, 1994 (9).

91. Rogers, Y. & Lindley S., "Collaborating around vertical and horizontal large interactive displays: which way is best?", *Interacting with Computers*, 2004 (16).

92. Rogers, Y., "What is different about interactive graphical representations?", *Learning and instruction*, 1999 (9).

93. Rogers, Y., "A brief introduction to distributed cognition", 1997, http://parvac. washington. edu/courses/inde599/dcog – brief – intro. pdf.

94. Rose, D., "Culture and Cognition: Some Problems and a Suggestion", *Anthropological Quarterly*, 1968 (1).

95. Scaife. M., & Rogers, Y., "External cognition: how do graphical representations work?" *Human – Computer Studies*, 1996 (45).

96. Schwartz, T., "The size and shape of culture", In F. Barth (Ed.), *Scale and social organization*, 1978.

97. Scribner, S., "Studying working intelligence", In Rogoff, B., and Lave, J. (eds.), *Everyday Cognition: Its Development in Social Context*, Harvard University Press, Cambridge, MA, 1988.

98. Shaw, R., Turvey, M. T, & Mace, W., "Ecological psychology: The consequences of a commitment to realism", In W. Weimer & D. Palermo (Eds.), *Cognition and the symbolic processes*, H. Hillsdale, NJ: Erlbaum, 1982.

99. Strauss, C., & Quinn, N., *A cognitive theory of cultural meaning*, Cambridge: Cambridge University Press, 1997.

100. Thelen, E., "The Dynamics of Embodiment: A Field Theory of Infant Perservative Reaching", *Behavioral and Brain Sciences*, 2001, 24.

101. Thompson E., "Empathy and consciousness", *Journal of Consciousness Studies*, 2001, 8 (5).

102. Tyler Burge, "Social Anti – Individualism, Objective Reference", *Philosophy and Phenomenological Research*, 2003, (3).

103. Tyler Burge, "Two thought experiment Reviewed", *Notre Dame*

Journal of Formal Logic, 1982, 23 (7).

104. Van Gelder, T. & Port R., *It's about time: An overview of the dynamical approach to cognition*, *Mind as motion: Explorations in the dynamics of cognition*, Cambridge, MA, MIT Press, 1995.

105. Van Gelder, T. "The Dynamical Hypothesis in Cognitive Science", *The Behavior and Brain Sciences*, 1998, 21.

106. Van Gelder, T. J. , "Dynamic approaches to cognition", in R. Wilson & F. Keil (ed.), *The MIT Encyclopedia of Cognitive Sciences*, Cambridge MA: MIT Press, 1999.

107. Van Overwalle, F. , & Labiouse, C. , "A recurrent connectionist model of person impression formation", *Personality and Social Psychology Review*, 2004, 8.

108. Varela F J. Thompson E, Rosch E. , *The Embodied Mind: Cognitive Science and Human Experience*, Cambridge, MA: The MIT Press, 1999.

109. Vygotsky, L. S. , *Mind in society: the development of higher psychological processes*, Cambridge, MA: Harvard University Press, 1978.

110. White, L. , "On the use of tools by primates", *Journal of Comparative Psychology*, 1942, 34.

111. White, L. , "The concept of culture", *American Anthropologist*, 1958, 61.

112. Wilson, M. , "Six views of embodied cognition", *Psychological Bulletin and Reviews*, 1992, 9 (4).

113. Zhang, J. , "A Distributed Representation Approach to Group Problem Solving", *Journal of the American Society for Information Science and Technology*, 1998, (12).

114. Zhang, J. , "The nature of external representations in problem solving", *Cognitive Science*, 1997, 21 (2).

115. Zhang, J. , "Representations in Distributed Cognitive Tasks", *Cognitive Science*, 1994, 18.

后　记

　　本书由我的博士论文修改而来。在浙江大学语言与认知中心读博士期间，李恒威老师、严密同学等人和我一起翻译了美国加州大学圣地亚哥分校认知科学系哈钦斯（Edwin Hutchins）教授的著作《荒野中的认知》（*Cognition in the Wild*）。哈钦斯教授曾在一艘美国航空母舰上进行了一段时期的田野调查，以航母在导航过程中人、人工物、信息、方位之间的相互关系作为主要研究内容，提出了分布式认知的观点。他并没有像传统认知科学那样关注发生于个体内部的认知过程，而是采用认知人类学的方法，以认知活动及相关因素为分析对象，研究技术人工物、行为对认知模式的影响，哈钦斯教授消解了个体与外部世界之间的界限，把认知视为一种系统化的过程。由于这一观点的尖锐性及不那么寻常的研究方法，分布式认知在国际认知科学界、哲学界都引发了广泛的关注，并具有很强的开创性意义。迄今，在学术谷歌的搜索表明，该著作的被引次数已有六千余次。我的博士论文也自然而然地从这项翻译工作开始了。

　　首先，尽管分布式认知的观点提出已有十余年的历史（事实上，早在 20 世纪 60 年代 Robert 就提出社会性分布式认知的观点，1993 年还有一本以分布式认知命名的论文集），但在国内并未受到应有的重视，甚至可以说，这在国内认知科学领域还是一个较为陌生的话题。而作为对认知科学的哲学及人类学反思，在国内认知科学的行进中，分布式认知的哲学意味是一种非常必要的补充，但又在很大程度上被忽视了。因此，将这一概念推介到国内成为本书的最初由来。

　　选择分布式认知作为博士期间的研究主题还有几点更重要的想法，第一，第二代认知科学是我读博士时最早接触的内容，后来发现分布式认知观点的出现正是在这一背景下产生的，强调具身化、情境化的第二代认知科学与分布式认知将情境纳入认知系统的观点一脉相承。由此我试图在本书中对几条主要的认知科学研究进路（情境认知、具身认知和延伸心灵）

做一整合性的梳理和评述。第二，分布式认知之所以产生一石击浪的影响，与某些深远的理论传统分不开，因此，我想首先进行追溯性的工作，将分布式认知的起源回归到文化历史视角和联结主义，并进一步对该观点作出分析和评述。第三，我试图拓宽分布式认知的空间，分布式认知不仅属于认知人类学或认知科学的领域，其意义对科学哲学的困境来说也是必需的，认知系统性可以对长期分离的认知结构和社会结构作出非常有益的修补。

写作过程中我常常很惭愧这一本小书恐怕承不起所得到的种种帮助，但无论本书的意义如何微薄，还是要向各位老师、同学致以最深厚的谢意。首先要感谢我的导师盛晓明教授。我想所有盛老师的弟子都会无比庆幸有这样一位导师，盛老师的行动为我们呈现了一副学者应有的样貌，他本真、宽厚、极其睿智且与人为善，小事糊涂大事清醒，即便有繁重的学术和行政工作也毫不忽略每一个弟子，本书得益于盛老师的多次指导。其次要感谢美国加州大学圣地亚哥分校哈钦斯教授，在我访学期间，哈钦斯教授为我做了细致的规划，安排我听认知科学系的各类课程、参与一周两次的小组讨论会，还特地确定一个每周可与其单独进行讨论释疑的时间，给了我很多实际指导和丰富的文献资料。还要感谢师兄李恒威教授，师兄是我读博期间两条主线——读书与爬山的重要人物，一路扶持帮携，无论是翻译原著到论文写作，还是在山中精疲力尽地攀爬，师兄都鼓励我坚持下来以看到高处的风景。最后，感谢浙江大学语言与认知中心的所有老师与同学：何亚平教授、丛杭青教授、陈辉副教授、张立副教授、王华平、吴彩强、亓奎言、于爽、陈海丹、史习、高洁、杨岸婷、严密、单巍、蒋凤冰、任会明、潘恩荣、裴涵、王球。这些温暖的名字一个个敲出来，如同家人的脸庞一一涌现，因为大家给予了种种无私热情的关怀，而这总是能让我在那些最艰难的日子里还笑得出来。

最后要感谢我的父母、兄弟和爱人，亲情的深厚难以用言语表达。我尚未出生的儿子陪我参加了博士论文的答辩，并随着书稿的逐渐成熟在一天天成长。

囿于个人的知识有限，书中的一些不当之处，皆由作者文责自负。欢迎大家批评指正！

于小涵

2013 年 4 月 17 日于杭州